国家出版基金项目
NATIONAL PUBLICATION FOUNDATION

"十三五"国家重点出版物出版规划项目

中国陆地生态系统碳收支研究丛书

中国森林生态系统碳储量
——生物量方程

周国逸　尹光彩　唐旭利　等　著

U0225948

科学出版社
龙门书局
北京

内 容 简 介

本书是"中国陆地生态系统碳收支研究"丛书的一个分册，根据全国 7800 个典型森林生态系统样地的野外实测数据，对收集到的国内已发表的生物量方程进行赋值，并运用最小二乘支持向量机（LSSVM）对文献中方程进行迭代优化，拟合出涵盖省（自治区、直辖市）和全国两种尺度优势树种 [$W=aD^b$ 和 $W=a(D^2H)^b$] 的生物量方程，并运用样地标准木实测数据对各类方程进行检验，估算误差在 10%以内。本书是我国第一本系统科学地运用统一的方法构建森林生物量估算方程的著作。

本书可供从事森林资源计量与监测的科技人员及从事林业科研教学的人员阅读使用。

审图号：GS（2018）2254 号

图书在版编目（CIP）数据

中国森林生态系统碳储量：生物量方程/周国逸等著. —北京：龙门书局，2018.6

（中国陆地生态系统碳收支研究丛书）

国家出版基金项目 "十三五"国家重点出版物出版规划项目

ISBN 978-7-5088-5392-5

Ⅰ. ①中… Ⅱ. ①周… Ⅲ. ①森林生态系统–碳–储量–研究–中国 Ⅳ. ①S718.55

中国版本图书馆 CIP 数据核字（2018）第 128513 号

责任编辑：王 静 李 迪 / 责任校对：郑金红
责任印制：徐晓晨 / 封面设计：北京铭轩堂广告设计有限公司

科学出版社 出版
龙門書局
北京东黄城根北街 16 号
邮政编码：100717
http://www.sciencep.com
北京建宏印刷有限公司印刷
科学出版社发行 各地新华书店经销
*
2018 年 6 月第 一 版 开本：787×1092 1/16
2025 年 1 月第三次印刷 印张：7 1/4
字数：177 000
定价：98.00 元
（如有印装质量问题，我社负责调换）

中国森林生态系统碳储量
——生物量方程

主 要 著 者

周国逸　尹光彩　唐旭利

温达志　刘昌平　旷远文　王万同

序

森林生物量是陆地生态系统碳计量与监测的核心内容。生物量的估算在很大程度上依赖于生物量方程,生物量方程已成为评价森林生态系统碳汇功能的关键手段之一。像中国这样一个在地理(经度、纬度)和气候(水分、热量)方面跨度大的国家,开展全国森林生物量的监测和评估,建立适合于全国和不同省(自治区、直辖市)范围的森林生物量估算方程将成为必然趋势。

2011~2015年,中国科学院"应对气候变化的碳收支认证及相关问题"科技先导专项研究课题组对主要自然生态系统——森林、灌丛、草地进行了全国性的大规模样地调查。这是一次真正从生态学视角来准确弄清我国陆地生态系统碳库具体状况的工作。该项研究的目的是评估生态系统全组分(包括乔木地上、地下部分,林下灌木、草本植物,林地凋落物和矿质土壤)的碳储量,为制定国家尺度森林碳管理政策措施提供依据,更重要的是为碳循环研究提供了统一的调查规范、研究平台和基础数据。本书正是这项研究的一项重要成果,将为我国开展大尺度碳库和碳通量的估算及森林碳动态变化的研究等工作提供基础。本书也是我国第一本系统科学地运用统一的方法构建森林生物量估算方程的著作。

用统一的方法估算森林生态系统生物量不仅是生态学者、林业科技工作者的期望,也是国际社会对碳进行计量和交易,落实低碳发展相关政策的需要。因此,我们相信本书的出版十分及时,必定会更进一步地促进我国生态学科的发展,也会对国际森林生物量估算方法体系的建立做出贡献。

本书着重于森林生物量估算方程的理论、方法、数据来源、估算精度及应用等内容,希望今后在森林生物量的其他研究方向有类似的专著问世。

著　者

2017 年 6 月于广州

前　言

森林是陆地生物圈的主体，约85%的陆地生物量集中在森林植被（Lieth and Whittaker，1975）。陆地植被碳库，即地上部分和地下部分有机物质的总和，可以通过植被生物量进行估算，因此，构建适宜、准确的生物量估算方程是评估植被碳储量和生产力的前提，也是研究森林生态系统结构和功能的基础，对深入研究森林生态系统包括碳氮水循环在内的各种生物地球化学循环、评估森林生产力和制定碳管理政策等方面的工作具有重要意义。此外，森林生物量是陆地生态系统碳计量与监测的核心内容（IPCC，2006；张小全等，2010），也是评估森林生态系统固碳潜力的关键参数之一，已经成为生态学和全球变化研究中的重要课题。

森林生物量的研究一直受到人们重视，经历了从20世纪中后期的国际生物学计划（International Biological Programme，IBP）、人与生物圈计划（Man and the Biosphere Programme，MAB）、国际地圈生物圈计划（International Geosphere-Biosphere Programme，IGBP）到最近的全球森林碳平衡再评估等发展历程（Lieth and Whittaker，1975；Pan et al.，2011）。有关全球陆地生态系统植被碳库的估算值已有很多报道，但由于估算方法（如生物量方程类型、假设条件、参数赋值）、地理地质和气候（立地条件、植被类型）、经营管理措施等方面的差别，不同文献的估算结果或结论差异很大，难以比较。我国地域辽阔，气候和地理地质差异迥然，社会经济发展不平衡等，在诸多因素影响下形成了复杂而多样的森林生态系统类型，这无疑加大了生物量估算的难度和不确定性。从以往的森林生物量研究来看，除了国家林业局组织实施的国家森林资源连续清查工作外，大多数有关森林生物量的研究只针对区域典型森林植被或生态系统，缺乏统一的方法和技术规范，时间和空间尺度也不一致，导致区域乃至全国尺度上森林生物量的估算结果差异大，缺乏可比性。国家森林资源清查资料主要为树干材积或蓄积量，估算精度高，但仅仅基于材积或蓄积量，通过拟合设定换算系数来估算生物量和碳储量是不够的。因此，迫切需要采用相对统一、规范的方法和技术规范，在对全国主要森林生态系统全面调查的基础上，结合长期实验和历史数据，集成分析与整理，整合并构建国家、省（自治区、直辖市）层面上的森林生态系统生物量估算方程，实现对我国森林生态系统碳汇现状、固碳潜力和速率的准确估算，为我国在国际环境外交谈判中争取更多的主动权，并为指导各区域进行面向碳汇功能的森林经营管理实践提供科技支撑和服务。

生物量方程是准确估算陆地植被生物量的主要方法之一。本书在收集已经发表文献中乔木生物量方程的基础上，旨在用统一的标准和方法构建一套完整、简单实用的估算乔木生物量的方程体系，为更好地进行生物量估算、预测及森林固碳研究奠定基础。

本书是中国科学院"应对气候变化的碳收支认证及相关问题"科技先导专项"生态系统固碳现状、速率、机制和潜力"项目之课题"中国森林生态系统固碳现状、速率、机制和潜力"（简称"森林课题"）（XDA05050200）的重要研究成果之一，也是所有参与课题的专家及工作人员这几年来辛勤工作的体现。在编排上，全书共分为 6 章，从必要性、理论依据、数据来源、研究结果、发展方向和趋势等方面进行阐述，遵循科学研究的结构和流程，便于读者阅读和参考。

第 1 章主要介绍生物量方程构建的目的、意义及必要性和研究思路，由唐旭利（中国科学院华南植物园）、尹光彩（广东工业大学）、温达志（中国科学院华南植物园）撰写。

第 2 章主要介绍森林生物量估算方法，以及选择森林生物量方程构成形式的依据，由尹光彩、唐旭利、温达志、旷远文（中国科学院华南植物园）撰写。

第 3 章主要介绍主要生物量方程构建及检验的方法，由尹光彩、刘昌平（广东科学技术职业学院）、唐旭利撰写。

第 4 章主要介绍构建不同区域和树种生物量方程的理论依据及其数据来源，由尹光彩、温达志、唐旭利、旷远文撰写。

第 5 章主要介绍分省（自治区、直辖市）、分树种生物量方程及其适用范围评价与不确定性，由尹光彩、唐旭利、王万同（河南师范大学）撰写。

第 6 章结语，主要由唐旭利、王万同、旷远文撰写。

本书为分树种、器官估算生物量提供了一种简单实用的方法，以及一系列在科研、生产实践中可应用的生物量估算方程。

本书由周国逸研究员统稿。

在本书编写过程中得到了国家林业局、"森林课题"课题组等相关单位或领域科学家的精心指导和热情帮助，在此对编撰人员一并表示衷心的感谢！

最后，借此机会向所有帮助、支持和关心我们的同行及课题全体成员致以衷心的感谢。本书的出版得到了"森林课题"的资助。

由于著者水平有限，书中不足之处在所难免，敬请读者予以指正和赐教。

著　者

2017 年于广州

目　　录

第1章 绪 论

1.1 研究目的、意义

1.1.1 目的

面对全球气候变化及日益突出的环境问题，森林生态系统碳贮存等服务功能已成为研究热点。作为评价森林服务功能的主要指标之一，森林生物量研究越来越受到重视。树木异速生长规律理论的提出为通过胸径（D）和树高（H）等测树因子估算其生物量提供了可能。本研究基于文献发表的生物量方程，采用统一的方法和技术规范建立了一套适合用于全国、省（自治区、直辖市）尺度，涵盖我国主要森林类型、优势树种（或树种组）的生物量估算方法体系和生物量估算方程。根据"森林课题"获取的标准木实测数据，对各类生物量方程的估算结果进行检验，确保估算精度可信。

1.1.2 意义

森林具有生物量、生产力巨大和碳含量高等优点，是陆地生物圈的主要碳储存库，在全球碳循环和应对气候变化中具有重要作用。因此，准确估算树木和森林生物量是评估并追踪森林碳库现状及其变化速率，预测森林在区域和全球碳循环中的作用和反馈，为应对气候变化制定政策提供重要依据。由于估算生物量的重要性，欧洲空间局发布消息称，到 2020 年 BIOMASS mission 激光雷达将获得世界上森林地上生物量三维结构图（Le Toan et al.，2011），美国国家航空航天局的行动计划（The NASA Missions）也有估算森林生物量的目标（Lefsky et al.，2007；Saatchi et al.，2011）。但是，基于遥感技术获得的数据不能直接估算生物量，需要用野外样地调查数据结合生物量异速生长方程对生物量进行校正（Clark and Kellner，2012）。迄今，我国生物量方程的研究主要集中在样地、树种和区域特定森林类型上，其结果因研究地的气候、地理、土壤、林地利用历史和经营水平等的差异而难以进行比较，从由样地尺度建立的生物量方程如何扩展到林分甚至更大的地理空间尺度是个巨大的挑战，到目前为止仍然缺乏系统研究。

1.2 构建生物量方程的必要性

全球森林面积超过 40 亿 hm^2，占陆地总面积的 31%（FAO，2010）。森林巨大的生物量（占陆地生态系统总生物量的 80%）（Kindermann et al.，2008）和生产力（占陆地生态系统总生产力的 75%）（Beer et al.，2010）使其成为地球最大的碳库（Pan et al.，2011）。正因如此，增加森林生态系统碳汇被公认为是最经济可行和环境友好的减缓大气中 CO_2 浓度升高的重要途径。《京都议定书》及后续的一系列国际公约都将提高森林碳储量作为抵消经济发展中碳排放量的主要方式。2015 年 12 月巴黎气候大会通过的协议将增汇和减排作为共同减缓全球升温的有效途径，已经被提到了新的政治高度。生物量是生态系统过程和森林管理的一个非常关键的因素，也与木材、薪柴交易等项目息息相关，准确估算森林生物量和碳储量是非常有意义的。

　　生物量是评估生态系统功能的基本测度指标，一直受到森林生态学家的高度关注。自 20 世纪 60 年代国际生物学计划（IBP）执行以来，生态学家就开展了大量的关于森林生态系统生物量和净生产力的研究。70 年代由于能源危机，林学工作者开始进行薪炭林的生物量研究。但是，这些研究大多只估算地上部分生物量，甚至有时候不计算枝、叶生物量，且在大空间尺度上对生物量的估算往往是基于材积转换的方法来完成的。这些研究工作为推动森林生态系统生物量估算的研究做出了重要贡献，但对于森林生态系统碳储量及其过程研究而言，仅仅基于材积来推算森林生态系统生物量是不够的，这就需要寻找统一的方法和技术规范来构建森林生物量估算方程。80 年代后期，随着人们对全球碳循环研究的重视，研究者利用从前的样地乔木生物量和林分面积等统计资料，开始研究因土地利用变化向大气中释放的碳量。近年来，为了科学地评价森林生态系统在全球大气中源和汇的作用，学术界开始关注森林生态系统的潜在生物量及人类活动、自然干扰引起的森林生态系统生物量和生产力动态变化过程的研究。

　　目前，国内外学者普遍采用相对生长模型 $W=a(D^2H)^b$（典型幂函数方程）估算乔木的生物量。该方法是生态学文献和森林生物量估算中运用最广的一种方法，也适用于很多热带混合林。Mary 和 Steven（2001）在研究硬木林的地上生物量和营养时指出，对地上生物量估算最典型的方法是采用相对生长模型，地上生物量的估算值与实测值比较，没有显著差异。不少学者也在积极探索适合国家、区域乃至全球尺度通用的立木生物量估算模型（Chojnacky，2002；Jenkins et al.，2003；Snorrason and Einarsson，2006；Vallet et al.，2006；Repola et al.，2007；Muukkonen，2007；Návar，2009）。据文献统计，全世界已经建立的生物量（包括总量和各分量）模型超过 2300 个，涉及的树种在 100 个以上（Chojnacky，2002）。例如，Ter-Mikaelian 和 Korzukhin（1997）关于北美洲立木生物量方程的综述，就涉及 65 个树种和 803 个方程。Zianis（2005）对欧洲树干材积和生物量方程做的综述中，生物量方程 607 个，涉及 39 个树种。总体而言，用于不同尺度的生物量估算方程，其建模总体的划分是不一样的，但首先都是考虑树种或树种组，然后再考虑年龄、立地等因素。对于大尺度范围的生物量预估，一般都是按树种或

树种（组）划分建模总体。例如，Bond 等（2002）建立了加拿大马尼托巴省北方森林 6
个树种的生物量方程；Jenkins 等（2003）以收集的 300 多个与直径相关的生物量方程（涉及 100 多个树种）为基础，按 10 个树种（组）（6 个针叶树种、4 个阔叶树种）为美国建立了一组国家尺度的地上生物量回归方程；Snorrason 和 Einarsson（2006）为冰岛的 11 个主要树种建立了立木地上生物量方程；Vallet 等（2006）为改进法国森林资源清查中森林生物量估计方法，为法国的 7 个重要树种建立了地上总材积（包括商品材积和树枝）方程；Repola 等（2007）建立了芬兰 3 个树种（组）的地上和地下生物量立木模型；Muukkonen（2007）建立了欧洲 5 个主要树种的通用性生物量回归方程；Návar（2009）建立了墨西哥西北部 10 个树种（组）的生物量相对生长方程。

　　近年来，我国从转变经济发展模式和保护生态环境的需要出发，制定了"调整经济发展模式、促进节能减排技术进步、增强生态系统碳汇功能"的战略思路，在节能减排和生态工程建设方面取得了举世瞩目的成绩。然而，随着经济进一步发展和人民生活水平持续提升，中国面临的在未来的气候变化谈判中国际社会对中国温室气体减排或限排要求的压力日益增大（方精云等，2015）。在此前提下，准确评估森林固碳现状、速率和潜力不仅是制定碳汇清单的需求，也是评价生态工程固碳效应的需求，同时可以服务于面向提高森林固碳能力的管理实践。

　　我国有关森林生物量的研究始于 20 世纪 70 年代（潘维俦等，1978；冯宗炜，1980；朱守谦和杨世逸，1979；董世仁和关玉秀，1980；陈炳浩和陈楚莹，1980；张瑛山等，1980），主要基于单个或独立样点或研究地，所建立的生物量方程不适合于大的地理空间尺度上森林生物量的估算。这些样地尺度的研究工作积累了丰富的生物量数据，为评估森林生物量和生产力做出了极大贡献，但受研究尺度的局限。另外，多数研究针对某一特定区域或特定森林类型，缺乏统一的估算方法和标准，给区域和全国尺度森林生物量的估算带来困难和不确定性（罗云建等，2015）。

　　目前比较通用的做法是：选用树木胸径（D）、树高（H）及 D^2H 为自变量来间接评估生物量，即一是采用生物量换算因子法；二是采用生物量方程（Somogyi et al.，2007）。两种方法都包含林木水平和林分水平，然而林木水平因子的重要性正在不断提升，新的研究将更可能偏好林木水平因子或方程的使用（Somogyi et al.，2007）。

　　国家林业局的森林资源连续清查资料能够提供区域和全国尺度的森林材积或蓄积量，很多学者尝试通过材积源生物量法来估算区域尺度森林生物量（Bi et al.，2001；Brown and Lugo，1984；Fang et al.，2001a；Lehtonen et al.，2004；Somogyi et al.，2007；Usoltsev and Hoffmann，1997；Wang et al.，2001）。但这种方法的理论基础是树干生物量与立木材积之间存在紧密相关关系（Cheng et al.，2007；Enquist and Niklas，2002；Whittaker and Likens，1975），在深入探讨森林固碳潜力，面向国家提高碳汇需求等方面略显不足。此外，由于对森林地下部分的收获非常困难，大部分生物量方程仅仅估算地上部分的生物量，地下部分生物量的估算一直存在很大的不确定性，而这种不确定性很大程度上归因于缺乏准确的实测数据及有效的估算方法（Brown，2002；Mokany et al.，2006）。

Fang 等（2001b）以森林资源清查资料为基础，建立了我国 21 个树种的材积生物量转换参数来估算全国森林生物量。不少研究表明，以 5 年为复查周期的森林资源清查资料能很好地反映森林生物量的动态变化。尽管如此，以往关于生物量的研究归纳起来存在如下不足：①在地下部分难以直接测定获取的情况下，采用根冠比粗略推算地下生物量的方法可能存在误差传递问题，而且这种方法与通过拟合根系与胸径或树高的异速生长方程估算地下生物量的方法相比，哪种方法更准确，没有明确研究。②已有的生物量模型大多针对某一特定地区或特定森林类型，是否能拓展用于更大区域范围或其他不同的森林类型尚未有研究验证。③我国森林类型和树种十分丰富，即使在同属内也有多个甚至几十个种类，针对某一树种建立的生物量方程能否推广到属内其他树种也没有研究验证。④对于天然林，由于大径级（胸径>50 cm）个体样木生物量实测数据难于获取，基于中小径级个体建立的估算方程在估算大径级树木生物量时可能产生偏差甚至错误。⑤研究方法、建模方法的不统一，导致模型估算结果难以进行比较。

森林生物量及生产力大小是评价森林碳循环贡献的基础，森林生物量约 50%以碳形式储存，碳交易、森林生物能源的收获管理也是要通过准确预测生物量来实现的（Fang and Wang，2001；Cronan，2003；Houghton，2005；Muukkonen，2006；Woodbury et al.，2007）。通常，生物量可以通过树木材积（或蓄积）乘以木材密度进行估算得到。但在实践中，为了简便和提高估计精度，常常通过建立整株树木或不同器官生物量与胸径（D）、树高（H）或 D^2H 等测树因子之间的异速生长模型来估算生物量。这种方法是学术界认可且在全球得到广泛应用的生物量估算方法。然而，基于单个研究点或局部研究区域建立的生物量方程的样本数量有限，当这些方程用于对研究地以外的其他区域或不同种类和不同径级大小树木的生物量估算时，估算精度可能下降。我国地域、气候跨度大，树种丰富，森林类型、结构多样而复杂，区域经营管理水平不均衡。因此，基于全国样地尺度上标准木大样本实测数据资料开展森林生物量的监测是最重要的基础工作，进一步按省（自治区、直辖市）和优势树种建立的生物量方程将成为提高我国森林碳储量估算精度的关键依据和重要途径。

由此可见，我国基于林木和林分水平的生物量方程研究最多，资料积累得最丰富，但关于跨区域大尺度和复杂多样的树种的生物量方程的资料是相对缺乏的，故本研究将重点针对大尺度和不同树种的生物量估算方程进行研究。

1.3　研　究　思　路

面对以往研究中丰富的生物量方程，如何选择合适的方程估算森林生物量一直困扰着使用者，使用者渴望能比较快速、准确、方便地估算较大尺度的森林优势树种的生物量，故本研究希望能用统一的形式和标准建立具有很强实用价值的我国不同区域尺度森林优势树种的生物量方程。在选取最具有代表性和普遍应用的一种回归模型，即相对生长模型（非线性模型）的基础上，参照 Jenkins 等（2004）的方法及 West 等（1999）提出的异速生长扩展理论，对基于立木胸径（D）、树高（H）等测树因子的相对生长模型进行赋值，即在收集、筛选的已发表文献中生物量方程的基础上，分别以 D 和 D^2H 为自变量，将所有已发表文献中各省（自治区、直辖市）优势树种生物量方程的参数初始化，以分器官生物量 W（kg）为因变量，依据野外实测数据对参数［测树因子：胸径（cm）、树高（m）］进行赋值，计算得到一系列生物量数据模拟结果，构成分树种分器官生物量数据库，从数据库中每次随机抽取一定量数据，用最小二乘支持向量机（least squares support vector machine，LS-SVM）法对生物量模型进行优化，得到优化后的分省（自治区、直辖市）优势树种生物量方程。

第 2 章　树木异速生长与生物量

2.1　森林生物量估算方法

森林生物量可通过直接测量和间接估算两种途径得到（West，2004）。前者为完全收获法，具有准确度高的优点，但对生态系统的破坏性大且耗时费力；后者是利用生物量模型（包括相对生长模型和生物量-蓄积量模型）、生物量估算参数及"3S"（GIS、GPS、RS）技术等方法进行估算。其中，生物量-蓄积量模型和生物量估算参数在大尺度森林生物量的估算中得到广泛应用（Somogyi et al.，2007）。

2.1.1　生物量模型

1. 生物量-蓄积量模型

在树木生物量组成中，树干生物量所占的比例因树种、立地条件等的不同而有较大差异（Brown and Lugo，1984），但树干生物量与树干材积和其他器官生物量之间存在很强的相关性（Whittaker et al.，1975），从而奠定了生物量与蓄积量存在关系及由生物量估算参数估算生物量的理论基础。计算公式为

$$C = V \times W \times C_C \tag{2.1}$$

式中，V 为某一森林类型的木材总蓄积量（m^3）；W 为蓄积量与生物量的转换系数；C_C 为生物量的含碳率。

Pan 等（2004）改进了未考虑林龄的生物量-蓄积量模型，提出基于林龄的生物量-蓄积量线性模型，明显提高了估算的准确性。Zhou 等（2002）、Smith 等（2003）和黄从德等（2007）则分别构建了与林龄无关的生物量-蓄积量双曲线模型、指数模型和幂函数模型。然而，Zhou 等（2002）、Zhao 和 Zhou（2005）只建立了我国 5 个树种，即落叶松（*Larix* spp.）、油松（*Pinustabula eformis*）、马尾松（*Pinus massoniana*）、杉木（*Cunninghamia lanceolata*）和杨树（*Populus* spp.）人工林的生物量-蓄积量双曲线模型，其他树种或森林类型能否用双曲线模型描述仍需研究。

2. 相对生长模型

为了较准确地测定林分生物量，目前有 3 种方法可采用：皆伐实测法、标准木法和回归方程估算法。事实上，大规模砍伐树木既困难也不现实。因此，常常通过一定但足

够数量的样木实测值来建立整株树木生物量，或干、枝、叶、根等不同器官生物量与树木测树因子之间的一个或一组生物量模型。

在森林生态系统生物量估算中，相对生长模型是最常见的方法。根据研究需要，采用林分平均标准木法或径级标准木法，选取一定但足够数量的样木，测量胸径、树高等测树因子后，利用全收获法获得整株或不同器官的生物量，然后建立生物量与测树因子之间的数量关系（Salis et al.，2006）。Parresol（1999，2001）将它们归纳为以下 3 种函数形式：

$$B = a_0 + a_1 x_1 + \cdots + a_i x_i + \varepsilon \qquad (2.2)$$

$$B = a_0 x_1^{a_1} x_2^{a_2} + \cdots + x_i^{a_i} \varepsilon \qquad (2.3)$$

$$B = a_0 x_1^{a_1} x_2^{a_2} + \cdots + x_i^{a_i} + \cdots + \varepsilon \qquad (2.4)$$

式中，B 为生物量（kg 或 g）；x_1，x_2，$\cdots$，x_i 为测树因子（如胸径、树高）；a_0，a_1，$\cdots$，a_i 为模型参数；ε 为误差项。式（2.2）和式（2.3）是式（2.4）的简化形式，分别为一元线性方程和一元幂函数。其中，幂函数是最常用的函数形式（Ketterings et al.，2001；Enquist and Niklas，2002）。

在相对生长模型中，自变量除了常用的胸径和树高外还有其他测树因子，如林龄（Sprizza，2005）和材积（唐守正等，2001）。虽然增加自变量可能会提高生物量的估算精度（Sprizza，2005），但也会增加野外调查获取基本数据的难度，从而影响相对生长模型的实用性（罗云建等，2009）。

2.1.2 生物量估算参数

生物量估算参数主要包括生物量转扩因子（biomass conversion and expansion factor，BCEF）、生物量扩展因子（biomass expansion factor，BEF）、根茎比（root to shoot ratio）和木材密度（wood density，WD）4 个常用参数（Brown and Schroeder，1999；Fang et al.，2001b；Lehtonen et al.，2004；IPCC，2006）。

（1）生物量转扩因子：利用生物量转扩因子可直接将蓄积量数据转换为器官生物量、地上生物量或总生物量。常用的生物量转扩因子的定义主要有 3 种：①地上生物量（t/hm²）与商用材材积（m³/hm²）之比（Schroeder et al.，1997；Brown and Schroeder，1999；IPCC，2006）；②总生物量（包括地上和地下生物量）（t/hm²）与立木蓄积量（m³/hm²）之比（Fang et al.，2001a）；③器官生物量（树干、活枝、死枝、树叶、根桩、粗根、细根或整体）（t/hm²）与树干材积（m³/hm²）之比（Lehtonen et al.，2004；Pajtk et al.，2008）。

（2）木材密度：为了将蓄积量数据转换为生物量数据，还可先通过木材密度将蓄积量转换成相应的生物量，然后利用生物量扩展因子将这部分生物量扩展到地上生物量和总生物量。不同树种木材密度的差异最高可达数倍（中国林业科学研究院木材工业研究所，1982；IPCC，2006），同一树种因环境差异木材密度的变化幅度一般在10%以内（成俊卿，1985；江泽慧和彭镇华，2001）。

（3）生物量扩展因子的定义也有 3 种：①地上生物量（t/hm²）与商用材部分生物量（t/hm²）之比（Levy et al.，2004；IPCC，2006）；②地上生物量（t/hm²）与树干生物量（t/hm²）之比（罗云建等，2007）；③总生物量（包括地上和地下生物量）（t/hm²）与树干生物量（t/hm²）之比（Wang et al.，2001；Segura，2005）。

（4）根茎比：通常定义为地下生物量与地上生物量之比（IPCC，2006）。早期的研究一般假定根茎比为固定值（Bray，1963），但事实上，根茎比因树种、树龄、胸径、树高、林分密度和地上生物量等指标的差异而变化（Cairns et al.，1997；Levy et al.，2004；Mokany et al.，2006；Wang et al.，2008）。

2.2　选择生物量方程构成形式的依据

2.2.1　胸径-树高异速生长关系

林木生物量模型概括起来有3种基本类型：线性模型、非线性模型、多项式模型。线性模型和非线性模型根据自变量多少，又可分为一元模型或多元模型。非线性模型应用最广泛，其中相对生长模型最具有代表性，是所有模型中应用最普遍的一类模型。

生物量模型的自变量需要具备以下条件（胥辉，2003）：①容易测定；②与因变量有密切关系；③与材积模型相近。同时，生物量模型自变量如果过多或过于复杂，容易造成自变量之间的相互抵触（Zeide，1993）。有关研究表明：一元相对生长模型中自变量为 D 最好，二元相对生长模型中自变量为 D^2H 最优（王鑫，2011）。

相对生长模型是指用指数或对数关系反映林木维数之间按比例协调增长的模型。

$$Y = aX^b E \tag{2.5}$$

式中，Y 为林木生物量；X 为测树因子；E 为随机误差。式（2.5）两边取对数：

$$\ln Y = \ln a + b \ln X + \ln E \tag{2.6}$$

假设 X 和 Y 的生长率成比例，即 $\dfrac{\mathrm{d}Y}{Y\mathrm{d}t} = b\dfrac{\mathrm{d}X}{X\mathrm{d}t}$

式中，b 为相对生长系数，两边积分结果为

$$\ln Y + k_1 = b \ln Y + k_2 \quad (k_1、k_2 \text{为积分常数}) \tag{2.7}$$

令 $Y = \mathrm{e}^{k_2-k_1} X^b$，$a = \mathrm{e}^{k_2-k_1}$

则

$$Y = aX^b \tag{2.8}$$

　　Kittredge（1944）首次将相对生长模型引入树木，并成功地估计了叶的重量。随后许多研究者纷纷应用该模型估计林木其他器官的重量。Parresol（1999）总结了众多文献中林木生物量模型的函数形式。他认为立木各维数之间的相对生长率随林木大小而变化有可能不是一个常数，提出 X 和 Y 的生长率与 X 大小呈线性关系（其中 c 为系数），即

$$\frac{\mathrm{d}Y}{Y\mathrm{d}t} = (b+cX)\frac{\mathrm{d}X}{X\mathrm{d}t} \tag{2.9}$$

两边积分得

$$\ln Y + k_1 = b\ln X + cX + k_2$$

即

$$Y = \mathrm{e}^{k_2-k_1}X^b\mathrm{e}^{cX} \tag{2.10}$$

令 $a = \mathrm{e}^{k_2-k_1}$，则

$$Y = aX^b\mathrm{e}^{cX} \tag{2.11}$$

　　在林分生物量估测中，经常采用林木胸径（D）、树高（H）等测树因子建立林木生物量回归估计方程，如

$$W = aD^b \tag{2.12}$$

$$W = a(D^2H)^b \tag{2.13}$$

式中，W 为林木生物量（kg）；D 为林木胸径（cm）；H 为林木树高（m）；a，b 为回归常数。

2.2.2　立木生物学特性与分形几何理论

　　根据分形几何理论与立木生物学特性关系，可得出立木体积 V 为

$$V \propto D^2H \tag{2.14}$$

式中，D 为胸径（cm）；H 为树高（m）。

　　林学上通常认为立木树高断面是规则的几何体（圆、椭圆等），而树高断面面积 A 是与周长 P 有关系的，$A \propto P^2$，则 $A \propto D^2$，但是，自然界生长的树木在其任何树高处的断面很少为规则的几何形状，故 Mandelbrot（1983）建议用欧里得几何和分形几何理论来描述自然界任何形状的物体，后来不少学者将该理论应用于生态学研究，并得出立木分形几何方程（Zeide and Greshan，1991；Zeide，1993，1998；Osawa，1995）：

$$V \propto D^dH^h \tag{2.15}$$

式中，d、h 为常数，$2<d+h<3$。理论上，立木形状可以描述为一个面积和体积的混合体，根据立木生物学意义，树高（H）是随胸径（D）而变化的，呈幂函数关系（Niklas，

1994），则

$$H \propto D^{b*} \tag{2.16}$$

将式（2.15）代入式（2.14），则

$$V \propto D^d D^{hb*} = D^{d+hb*} \tag{2.17}$$

同理，假定立木生物量（W）是通过木材密度（ρ）与体积成正比的，不同树种的木材密度被认为是常数，则

$$W \propto D^{d+hb*} \tag{2.18}$$

设 $b = d + hb*$，则

$$W \propto D^b \tag{2.19}$$

为了实用，树木生物量通常是通过生物量和胸径相互关系的公式来估算的。虽然把树高和胸径结合起来比单独用胸径更能体现树木生长情况，但由于树高测量往往精度不高，采用测高仪测定在一定程度上可以提高测量精度，但仪器精度高度依赖于立地条件，此外，采用测高仪也会增加测量时间和费用。全球树木数据库显示，仅仅通过使用胸径就可以建立非常重要的生物量回归方程，利用这些生物量回归方程计算的结果也相当准确。

综上所述，本研究选择生物量与测树因子之间的幂函数模型来预测整株和干、枝、叶、根器官的生物量，这也是目前学术界普遍接受、符合生物学规律的树木生物量异速生长模型（Ter-Mikaelian and Korzukhin, 1997；Zianis and Mencuccini, 2004；Pilli et al., 2006；Creighton and Kauffman, 2008；孟宪宇，2006），即

$$W = a_1 D^{b_1} \tag{2.20}$$

$$W = a_2 (D^2 H)^{b_2} \tag{2.21}$$

式中，W 为整株或某器官的生物量（kg）；D 为胸径（cm）；H 为树高（m）；a_1、a_2 为与树木密度有关的系数；b_1、b_2 为与生长环境有关的系数（Zianis et al., 2004）。

第 3 章 生物量方程的构建与检验方法

3.1 生物量方程的构建方法

3.1.1 数据筛选与统计方法

以"森林课题"野外实测资料为基础，在参考以往研究方法和生物量模型的基础上，用最小二乘支持向量机法进行参数优化来构建一套包括样地、区域到全国尺度的生物量方程。为了保证所收集到的生物量方程的代表性、真实性和可比性，根据如下标准对所获取的文献及生物量方程数据进行了严格筛选。

（1）收集范围仅限于以生长状态稳定的林分为对象的研究。排除受到严重干扰（如虫害、火灾、间伐）或者处于特殊生境（如城市环境、环境严重污染区和林线附近等）的森林生态系统，也不包括荒漠森林生态系统、湿地森林生态系统、农林复合系统及萌生森林生态系统（即地上部分收获后，由地下部分萌发形成的森林生态系统）。

（2）仅收集使用标准调查方法得到的符合生物学规律的生物量方程，或者文献中引用的他人用标准调查方法得到的生物量方程。标准调查方法是指：用收获法测定标准木分器官生物量，并通过分器官生物量与测树因子（胸径、树高）进行拟合得到生物量方程，不包括利用他人生物量模型推算得来的方程，以及剔除那些明显不符合生物学规律的或需要进行对数转换的生物量方程。

（3）异常的生物量方程需要进行专业判断来决定其取舍。由于数据来源广泛，而且调查过程中所使用的方法、操作程序和森林生长环境存在较大的差异，因此，从文献中收集的生物量方程本身存在质量差异，甚至夹杂了一些人为失误（如录入错误）造成的错误。所以，以相同数据为自变量，对于估算结果偏差大（过高或过低）的方程，根据林学和植物学的专业知识评估其合理性，舍弃不合理的方程。

我们从 600 多篇文献中共筛选整理出 900 余套生物量方程构建数据库。库中每条数据包括：研究地 [地名、经度（°）、纬度（°）和海拔（m）]、气候指标 [年平均温度（℃）和年平均降水量（mm）]、林分概况 [土壤类型、林分起源、树种组成、林龄（年）、平均胸径（cm）、平均树高（m）、林分密度（株/hm²）、立木蓄积量（m³/hm²）]、乔木层生物量 [树干（kg）、树枝（kg）、树叶（kg）、根（kg）]、乔木层分器官生物量方程 [研究时间、方法、物种、标准木数量（株）、回归方程、决定系数]。

首先，将收集到的已发表的文献中各省（自治区、直辖市）优势树种生物量方程参数初始化，分别以 D 和 D^2H 为自变量，以器官生物量（kg）为因变量，依据野外实测数据对参数［测树因子：胸径（cm）、树高（m）］进行赋值，计算得到一系列生物量数据模拟结果，构成生物量数据库，然后从这些数据库中每次抽取 300 个数据，用最小二乘支持向量机法对生物量方程进行优化，得到优化后的分省（自治区、直辖市）优势树种生物量方程［$W=aD^b$ 或 $W=a(D^2H)^b$］。这些分省（自治区、直辖市）的文献方程都是一些个案研究，将这些方程综合考虑进行参数优化，能消除整个区域由于立地条件、土壤、气候因素、林分概况等要素的不同而导致的差异，并用各省（自治区、直辖市）该树种标准木野外调查的实测数据进行检验。

另外，"森林课题"部分省（自治区、直辖市）获得了优势树种标准木的数据，为了补充和校验文献方程，本研究也用相同的方法，用标准木数据对生物量方程进行拟合。

由于部分树种的生物量方程在文献中未见报道，本研究将各省（自治区、直辖市）已有的优势树种归纳为 3 类：针叶林、阔叶林、针阔叶混交林，以这些省（自治区、直辖市）优势树种生物量方程为基础，采用类似的方法，通过参数优化拟合省（自治区、直辖市）尺度不分树种的混合生物量方程，即针叶林生物量方程、阔叶林生物量方程、针阔叶混交林生物量方程，以此来解决因某一树种缺失生物量方程或因样方调查时无法准确辨认详细的物种信息而无法估算林分生物量的情况。

3.1.2 数据预处理

野外调查采集到的测树因子（胸径、树高等）数据、树种非常多，而且受地理区域、气候条件和人文因素影响，同一树种的数据也表现出较大差异，因此原始数据难免存在噪声。用这些原始数据构建数据库，数据预处理便显得尤其重要，需要根据原始数据特征和生态学原理对原始数据进行降噪，消除冗余数据，本研究主要通过胸径和树高的关系来消除数据噪声。

本研究采用聚类算法预先处理原始数据，以消除数据噪声。在聚类算法中，K-Means 是经典的算法之一，但是该算法需要事先设定原始数据的类别数量，然后将原始数据逐个划分到某个类别中，但原始数据的类别数量难以确定，因此 K-Means 算法不适用于本研究中数据预处理分析。

故本研究采用凝聚型层次聚类算法处理原始数据，聚类策略是：先将每个样本数据作为一个原子簇，以最小距离作为簇间距离度量方法，采用迭代方法将原子簇合并为更大的簇。算法结束条件是：所有样本数据合并到同一个簇，或者完成预设的迭代次数，算法结束后，保留样本数量最多的一簇，舍弃其他簇的样本数据。

分别以广东省和安徽省的原始数据为例进行数据预处理，聚类分析结果如图 3.1 所示。从图 3.1 可以看出，聚类算法保留了密集区域的样本数据，舍弃了少量分布偏远、稀疏的样本数据。保留的样本数据能够刻画出原始数据的基本特征，舍弃数据后对整体的原始数据影响不大。

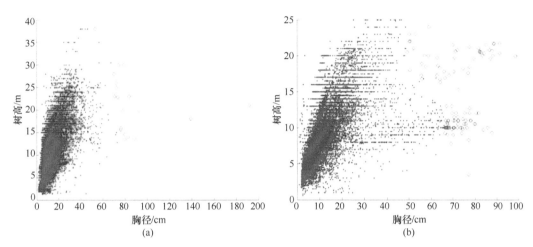

图 3.1　原始样本数据预处理

（a）广东省；（b）安徽省

样本数量最多的一簇以点状图表示，其他各簇以空心圆表示

3.1.3　数据挖掘流程

经过预处理后，数据量仍然很大，本研究运用数据挖掘（data mining）来解决数据净化、格式转换、数据表链接等问题。数据挖掘也称为数据采矿，是数据库知识发现（knowledge discovery in database）的一个组成部分，是借助某个或某些算法从海量数据中搜索隐藏于其中的有用信息、知识或规律的过程。一般而言，数据挖掘与计算科学相关，综合利用数理统计、联机分析处理、机器学习、模式识别、海量存储与检索等多种技术手段来达到识别新规律、发现新知识等目的。数据挖掘的一般模型见图 3.2。

本研究所用到的数据挖掘，采用如下所述的数据分析流程。

1. 采集原始数据

在实验、测试或者检测环节中尽可能多地采集原始数据，构建原始数据库。原始数据的主要特征表现为结构化或半结构化且数据量巨大。

2. 数据预处理

根据事先设置的数据定义对原始数据进行预处理。数据预处理主要包括数据降噪、消除数据冗余、修补残缺数据及剔除错误数据等环节，预处理后的数据构成采样数据并建立数据库。

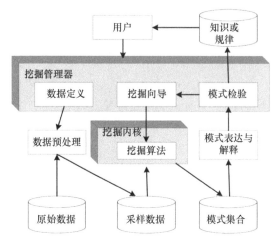

图 3.2　数据挖掘的一般模型

3. 数据挖掘

采用某个或者某些挖掘算法对采样数据分析并发现新特征，识别出新模式，作为模式集合。模式集合是一个不断更新并有待检验的准知识库，在一些联机事务处理系统中，模式集合中可能存在相互冲突或者矛盾的模式。

4. 发现知识或规律

对模式集合中的模式进行解释与检验，剔除冲突或者矛盾的模式，并最终形成新知识或者新规律，生成用户报告。模式检验的结果可用于指导后续的数据挖掘过程，构成一个具备自主学习能力的数据挖掘原型机。

3.1.4　机器学习

机器学习（machine learning）是一门多领域交叉的学科，以计算机为主要设备来模拟或实现人类的学习能力，获取新知识或技能，具备自主学习、实现新旧知识更替的性能。机器学习是人工智能的重要研究领域，在数据挖掘、计算机视觉、医学诊断、自然语言处理、语音图像识别和机器人等方面应用非常广泛。

按学习形式来分类，机器学习可划分为有监督式学习（supervised learning）和无监督式学习（unsupervised learning）。有监督式学习利用一组训练数据作为学习样本，训练机器的学习能力，用学习样本之外的数据来检验机器的学习能力。有监督式学习的算法经常应用于回归分析和统计分类中。无监督式学习没有学习样本，通常采用聚类算法（如K-Means），通过迭代与递减运算来降低误差，最终达到分类的目的。

机器学习算法有很多种，如仿生学算法（如遗传算法、粒子群算法、模拟退火算法等）。此外，人工神经网络、支持向量机等新型算法也成为机器学习的研究热点。

人工神经网络（artificial neural network）模拟人脑神经元网络，大量的节点构成人工神经网络，相当于人脑的神经元细胞，节点之间的连接强度代表了神经网络的记忆能力，需要学习的知识或者规则分散隐藏在众多节点中。反向传播（back propagation，BP）神经网络是人工神经网络中的一种监督式学习算法。人工神经网络具有可大规模并行计算、分布式存储信息、良好的自组织自学习能力等特点，适用于模式识别、智能控制、故障诊断等众多领域。人工神经网络的缺陷在于较易陷入局部寻优，存在欠学习和过度学习的问题。

支持向量机（support vector machine，SVM）是另一种监督式学习方法，广泛地应用于统计分类及回归分析中。支持向量机将低维空间数据映射到高维空间，在一定程度上能够避免局部寻优的问题，但导致计算复杂度增大。本研究将以支持向量机为方法，对森林固碳关键因子——生物量方程各参数之间的关联规则进行回归分析，发现隐藏其中的规律。基本思路是：从野外观察实验及相关文献中采集测树因子数据作为原始数据，将原始数据划分为两部分，一部分数据作为训练数据，用来训练机器的学习能力，得到生物量方程，另一部分数据作为检验数据，用来检验机器的学习能力。

3.1.5　支持向量机

3.1.5.1　定义

在对不同尺度范围的生物量方程参数进行优化过程中，本研究主要采用目前经典的数据分析与挖掘算法——支持向量机。该方法是基于统计学习理论的模式识别方法，对有限、非线性的训练样本数据进行学习，将低维空间的样本数据投影到高维空间，建立一个具有最大间隔的超平面，在超平面空间内进行迭代优化，寻找最大间隔区边缘的训练样本点，即支持向量机（support vector machine，SVM）。SVM 是机器学习领域中有监督式学习模型，通常用来进行模式识别、分类及回归分析，SVM 的支持向量集合刻画出训练样本数据的模式，即蕴藏其中的规律。SVM 主要有支持向量分类机（support vector classification，SVC）和支持向量回归机（support vector regression，SVR），具体计算步骤如下（邓乃杨和田英杰，2004）。

算法 1：支持向量分类机 C-SVC。

设训练样本集 $T = \{(x_1, y_1), (x_2, y_2), \cdots, (x_r, y_r)\} \in (X \times Y)^r$，其中 $x_i = ([x_i]_1, [x_i]_2, \cdots, [x_i]_n)$，$x_i \in X = R^n$，$y_i \in Y = \{-1, 1\}$，$i = 1, \cdots, r$，$C$-SVC 求解最优化问题［式（3.1）］的最优解并构造分类决策函数［式（3.2）］。

$$\min_{\alpha} \quad \frac{1}{2}\sum_{i=1}^{r}\sum_{j=1}^{r}y_i y_j \alpha_i \alpha_j K(x_i,\ x_j) - \sum_{j=1}^{r}\alpha_j$$

$$\text{s.t.} \quad \sum_{i=1}^{r}y_i \alpha_i = 0 \tag{3.1}$$

$$0 \leqslant \alpha_i \leqslant C, \qquad i = 1, 2,\ \cdots,\ r$$

$$f(x) = \text{sgn}(\sum_{i=1}^{r}\alpha_i y_i K(x,\ x_i) + b) \tag{3.2}$$

式中，K（.,.）是由低维数据向高维数据转换的核函数，广泛使用的核函数是径向基核函数，具有如式（3.3）形式，两个核函数在本质上是相同的。

$$K(x,x') = \exp(^{-\|x-x'\|^2}\big/_{\sigma^2})$$

$$K(x,x') = \exp(-\gamma\|x-x'\|^2) \tag{3.3}$$

算法 2：支持向量回归机 ε-SVR。

设已知训练样本集 $T = \{(x_1,\ y_1),(x_2,\ y_2),\cdots,(x_r,\ y_r)\} \in (X \times Y)^r$，其中 $x_i \in X = R^n$，$y_i \in Y = R$，$i = 1, 2, \cdots,\ r$，选择适当的正数 ε 和 C，选择适当的核函数 K（$x,\ x'$），求解最优化问题［式（3.4）］的最优解，并构造回归决策函数［式（3.5）］。

$$\min_{\alpha} \quad \frac{1}{2}\sum_{i,j=1}^{r}(\alpha_i^* - \alpha_i)(\alpha_j^* - \alpha_j)K(x_i,\ x_j)$$

$$+ \varepsilon\sum_{i=1}^{r}(\alpha_i^* + \alpha_i) - \sum_{i=1}^{l}y_i(\alpha_i^* - \alpha_i) \tag{3.4}$$

$$\text{s.t.} \quad \sum_{i=1}^{r}(\alpha_i - \alpha_i^*) = 0$$

$$0 \leqslant \alpha_i,\ \alpha_i^* \leqslant C\big/_r, \qquad i = 1, 2, \cdots, r$$

$$f(x) = \sum_{i=1}^{r}(\alpha_i^* - \alpha_i)K(x,\ x_i) + b \tag{3.5}$$

3.1.5.2 最小二乘支持向量机

C-SRC 和 ε-SVR 的约束条件包含不等式约束，导致求解空间非常大，仅适合小规模的训练样本。最小二乘支持向量机将不等式约束条件改进为等式约束条件，将二次规划问题转换为线性方程组的求解，在牺牲一部分计算精度的代价下，显著地降低了计算量（Suykens et al.，2002）。

算法 3：LS-SVM。

$$\min_{w,b,e} \quad J(w, \ \mathrm{e}) = \frac{1}{2}w^T w + \frac{1}{2}\gamma \sum_{i=1}^{r} \mathrm{e}_i^2 \tag{3.6}$$

$$\mathrm{s.t.} \quad y_i = w^T \varphi(x_i) + b + \mathrm{e}_i, \quad i = 1, 2, \ \cdots, \ r$$

Brabanter 等（2014）在 Matlab 环境中编写了 LS-SVM 工具箱，该工具箱以 LS-SVM 算法为基础，提供 SVC、SVR 接口函数分别用于数据分类和数据回归，还提供了一系列辅助函数，用于数据的预处理和制图等（http://www.esat.kuleuven.be/sista/lssvmlab/）。LS-SVM 不仅能够应用于数据分类和回归，还可适用于无监督式学习。本小节以 Matlab 7.6.0（R2008a）为工具，通过若干个形象的例子说明 LS-SVM 在分类、回归及无监督式学习中的应用。

1. LS-SVM 应用于分类

LS-SVM 应用于分类主要有 3 个步骤，即选择学习样本、训练模型、测试模型。从实验观测数据中选择部分数据作为学习样本；利用这些学习样本训练、构造 LS-SVM 分类模型；用学习样本之外的其他数据测试分类模型的准确性。

1）简单分类问题

（1）设置学习样本。随机生成 100×2 的实数矩阵 X，X 的每个行向量构成 1 个学习样本。根据矩阵 X 的 100 个样本，生成样本的分类 Y，Y 是一个 100×1 的矩阵，表示矩阵 X 中 100 个样本的分类结果。矩阵 X、Y 分别构成分类模型的输入值和输出值，用于训练 LS-SVM 分类模型。Matlab 脚本如下所示：

```
>> X = 2.*rand(100,2)-1;
>> Y = sign(sin(X(:,1))+X(:,2));
```

（2）训练分类模型。利用学习样本 X、Y 训练 LS-SVM 分类模型，Matlab 代码如下，其中 type 表示当前训练的模型是分类模型，核函数是 RBF_kernel：

```
>> type = 'classification';
>> [alpha,b] = trainlssvm({X,Y,type,10,0.4,'RBF_kernel'});
```

（3）测试分类模型。随机生成测试样本 X_t，利用训练之后的分类模型测试 X_t 的分类结果，Matlab 脚本如下所示：

```
>>Xt = 2.*rand(10,2)-1;
>>Ytest = simlssvm({X,Y,type,10,0.4,'RBF_kernel'},{alpha,b},Xt);
>>plotlssvm({X,Y,type,10,0.4,'RBF_kernel'},{alpha,b});
```

测试结果如图 3.3 所示。

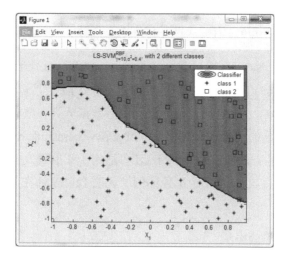

图 3.3　简单分类问题

2）复杂分类问题

LS-SVM 不仅可以构造简单分类模型，还支持复杂分类模型，Matlab 的示例脚本如下：

```
>>DIM=2;SIZE=50;SIZEte=5000;SIZE=floor(SIZE/2)*2;SIZEte=floor(SIZEte/2)*2;
>>randn('state',0);
>>X=[];
>>X=[X ; 1.6*randn(SIZE/2,DIM)+repmat([0 0],SIZE/2,1) ];
>>X=[X ; 0.9*randn(SIZE/2,DIM)+repmat([2 0],SIZE/2,1) ];
>>X=[X ; 0.8*randn(SIZE/2,DIM)+repmat([-1 1],SIZE/2,1)];
>>X=[X ; 0.9*randn(SIZE/2,DIM)+repmat([-1.3 3.5],SIZE/2,1)];
>>X=[X ; 1*randn(SIZE/2,DIM)+repmat([-2 1],SIZE/2,1)];
>>X=[X ; 0.9*randn(SIZE/2,DIM)+repmat([-3.5 0.2],SIZE/2,1)];
>>y=[];for i=1:3, y= [y ; i*ones(SIZE,1)]; end
>>Xt=[];
>>Xt=[Xt ; 1.6*randn(SIZEte/2,DIM)+repmat([0 0],SIZEte/2,1) ];
>>Xt=[Xt ; 0.9*randn(SIZEte/2,DIM)+repmat([2 0],SIZEte/2,1) ];
>>Xt=[Xt ; 0.8*randn(SIZEte/2,DIM)+repmat([-1 1],SIZEte/2,1)];
>>Xt=[Xt ; 0.9*randn(SIZEte/2,DIM)+repmat([-1.3 3.5],SIZEte/2,1)];
>>Xt=[Xt ; 1*randn(SIZEte/2,DIM)+repmat([-2 1],SIZEte/2,1)];
>>Xt=[Xt ; 0.9*randn(SIZEte/2,DIM)+repmat([-3.5 0.2],SIZEte/2,1)];
>>Yt=[];for i=1:3, Yt= [Yt ; i*ones(SIZEte,1)];end
>>t1=cputime;
>>m = initlssvm(X,y,'c',[],[],'RBF_kernel');
```

```
>>m = tunelssvm(m,'simplex','crossvalidatelssvm',{10,'misclass'}, 'code_OneVsOne');
>>m = trainlssvm(m);
>>Y = simlssvm(m,Xt);
>>t2=cputime;
>>fprintf(1,'Tuning time %i \n',t2-t1);
>>fprintf(1,'Accuracy: %2.2f\n',100*sum(Y==Yt)/length(Yt));
>>plotlssvm(m,[],150);
```

分类结果如图 3.4 所示。

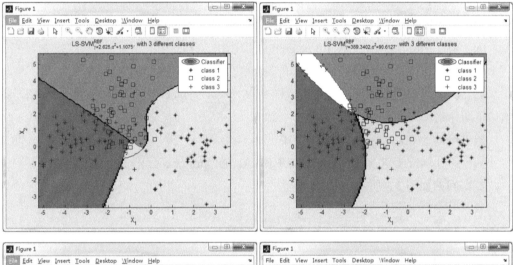

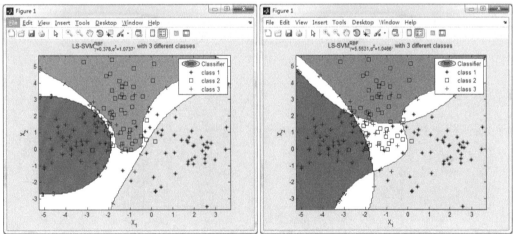

图 3.4　复杂分类问题

2. LS-SVM 应用于回归

LS-SVM 应用于数据回归包括 3 个主要步骤，即样本选择、训练模型、测试模型。

（1）选择学习样本。随机生成回归模型的输入值 **X** 和输出值 **Y**，与分类模型不同的是，输出值 **Y** 是实数值集合中的任意实数。下述代码片段在生成 **Y** 值时加入了呈正态分布的噪声数据：

X = linspace（-1,1,50）';

Y =（15*（X.^2-1）.^2.*X.^4）.*exp（-X）+normrnd（0,0.1,length（X）,1）;

（2）训练回归模型。以 **X**、**Y** 作为学习样本，构造回归模型，Mablab 脚本如下：

type = 'function estimation';

[gam,sig2] = tunelssvm（{X,Y,type,[],[],'RBF_kernel'},'simplex',...

'leaveoneoutlssvm',{'mse'}）;

[alpha,b] = trainlssvm（{X,Y,type,gam,sig2,'RBF_kernel'}）;

plotlssvm（{X,Y,type,gam,sig2,'RBF_kernel'},{alpha,b}）;

（3）测试回归模型。随机生成测试样本 X_t，用于测试上一步骤生成的回归模型，脚本如下所示：

X_t = rand（10,1）.*sign（randn（10,1））;

Y_t = simlssvm（{X,Y,type,gam,sig2,'RBF_kernel','preprocess'},{alpha,b},X_t）;

数据回归如图 3.5 所示。

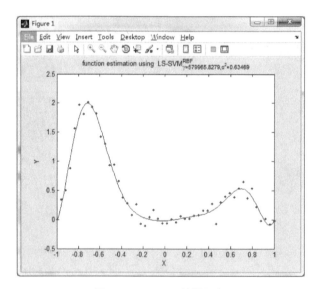

图 3.5　LS-SVM 数据回归

利用 LS-SVM 可以计算出回归模型的置信区间，并绘制误差置信区间和预测置信区间的分布图，如图 3.6 所示。

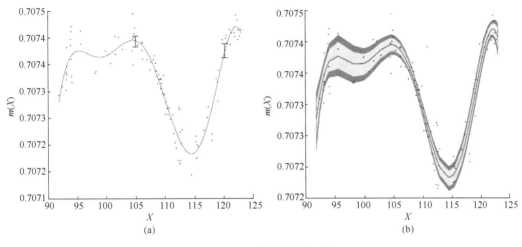

图 3.6　回归模型的置信区间

（a）误差置信区间；（b）预测置信区间

3. LS-SVM 应用于无监督式学习

如前所述，无论 LS-SVM 分类机还是 LS-SVM 回归机，其前提是具有一定数量的学习样本，该类机器学习称为有监督式学习。在无学习样本条件下的分类与回归，便是无监督式学习，LS-SVM 支持无监督模式下的机器学习。LS-SVM 的程序 demo_yinyang 是一个无监督式学习的例子，在无任何学习样本的条件下，将样本数据识别为简单数据，如图 3.7 所示。

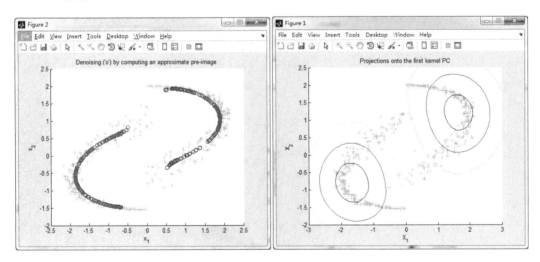

图 3.7　无监督式学习

3.1.5.3　LS-SVM 在构建生物量方程中的应用

根据观测的测树因子（胸径、树高）数据，计算出生物量方程系数并构建出相应的生物量方程，是典型的数据回归问题。

本研究采用最具有代表性和普遍应用的一种回归模型，即相对生长模型（非线性模型）作为模型建立的主要依据，在参照 Jenkins 等（2004）的方法及 West 等（1999）提出的异速生长扩展理论的基础上，采用林木胸径（D）、树高（H）等测树因子建立林木生物量回归估计方程式（2.10）、式（2.11）。基于上述回归方程，在收集以往文献中生物量方程的基础上，分别以 D 和 D^2H 为自变量，将所有已发表文献中各省（自治区、直辖市）优势树种生物量方程参数初始化，以分器官生物量（W，kg）为因变量，依据野外实测数据对参数［测树因子：胸径（cm）、树高（m）］进行赋值，计算得到一系列生物量数据模拟结果，构成分树种分器官生物量数据库，然后从这些数据库中每次随机抽取 300 个数据，用最小二乘支持向量机法对生物量模型进行优化，得到优化后的分省（自治区、直辖市）优势树种生物量方程[$W=aD^b$ 或 $W=a(D^2H)^b$]。

本研究所有数据运用 Microsoft Excel、Origin 8.0 等统计分析软件进行统计分析。以 Matlab 7.0 为编程环境，采用 Brabanter 等（2014）编写的 LS-SVM 工具箱的二次开发包编写数据回归分析程序，进行生物量方程迭代优化（程序见附录一、附录二）。

3.1.5.4　生物量方程构建实例

以浙江省杉木为例，共收集到有效文献方程 6 套，每套包含干、枝、叶、根生物量方程各一组（林生明等，1991；吴金友和李俊清，2010；周国模等，1996；袁位高等，2009；张茂震和王广兴，2008；侯振宏等，2009）。运用上述方法，对每组生物量方程进行赋值，然后进行生物量方程迭代优化（图 3.8），最后得到浙江省杉木的分器官生物量模型 $W=aD^b$ 和 $W=a(D^2H)^b$ 各一套。在各省（自治区、直辖市）优势树种生物量

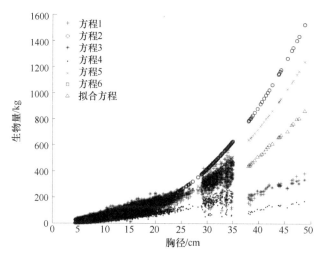

图 3.8　浙江省杉木生物量方程迭代优化过程

方程的基础上，除这些优势种外其他乔木的生物量方程可能文献报道很少，这部分树种的生物量方程拟合也运用上述方法，本书参照 David 和 Jennifer（2010）的方法，拟合了混合树种（针叶林、阔叶林、针阔叶混交林）生物量方程。在省（自治区、直辖市）尺度生物量方程的基础上，参照 Fang 等（2001b）等的分类方法，将全国树种分为 6 个群系 22 个种（组），分别构建群系混合树种生物量方程和全国优势种（组）生物量方程。

3.2　生物量方程的检验方法

3.2.1　标准木实测数据检验

第一种验证生物量方程的方法是方程预测值与标准木实测值二者进行差异显著性检验，标准木数据的获取有两种途径：一种是"森林课题"项目组野外实测标准木。以广东省马尾松为例，"森林课题"项目组共获得广东省标准木 38 株（6 cm≤D≤41 cm，4 m≤H≤31 m），将野外实测的广东省马尾松标准木胸径（D）分别代入本研究拟合的广东省马尾松一元生物量方程：

$$W_{干}=0.1517D^{2.3543} \tag{3.7}$$

$$W_{枝}=0.0074D^{3.0782} \tag{3.8}$$

$$W_{叶}=0.0037D^{2.5718} \tag{3.9}$$

$$W_{根}=0.0375D^{2.2302} \tag{3.10}$$

将胸径（D）和树高（H）代入广东省马尾松二元生物量方程：

$$W_{干}=0.1132(D^2H)^{0.8735} \tag{3.11}$$

$$W_{枝}=0.0048(D^2H)^{1.1450} \tag{3.12}$$

$$W_{叶}=0.0032(D^2H)^{0.9191} \tag{3.13}$$

$$W_{根}=0.0287(D^2H)^{0.8044} \tag{3.14}$$

分别得到马尾松分器官生物量模拟值，将模拟值与分器官生物量实测值比较，结果表明，本研究拟合的生物量方程的干、枝模拟值在大径级范围内结果偏大，叶和根的模拟值与实测值均无统计上的显著差异，统计检验 P 值分别为 0.09、0.08，均大于 0.05（图 3.9）。对于大径级个体而言，方程的模拟值与实测值偏差较大，一方面原因可能在于以往选取标准木时，大径级标准木很少，用由小径级的标准木数据拟合的生物量方程估算大径级的个体生物量，可能会导致估算结果偏离正常值。另一方面原因可能在于大径级个体样本数有限，无法用有限的数据准确判断预测值是否精确。这也说明，对于单个个案研究，该套方程可能会导致估算结果偏高或偏低，需要探索更好的方法来修正生物量方程。

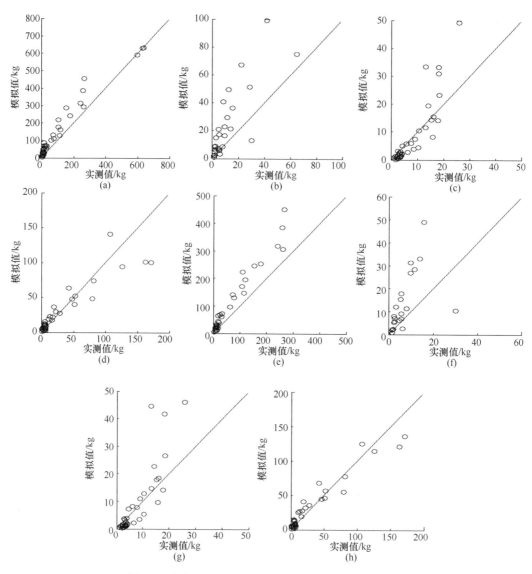

图 3.9　广东省马尾松生物量方程模拟值与实测值比较

（a）～（d）分别代表一元生物量方程干、枝、叶、根生物量模拟值与实测值比较；（e）～（h）分别代表
二元生物量方程干、枝、叶、根生物量模拟值与实测值比较

　　另一种获取标准木数据的途径就是从文献中搜集标准木如杉木的数据，本研究收集了目前文献中发表的杉木标准木数据（蔡世锋，2009；蔡兆伟，2014；高华业等，2013；温远光等，1995；闫文德，2003；赵坤，2000；彭小勇，2007；何贵平，2003；应金花，2001；艾训儒和周光龙，1996；覃世杰，2013），其中，实测干生物量的标准木为 254 株，实测枝生物量的标准木为 215 株，实测叶生物量的标准木为 226 株，实测根生物量的标准木为 63 株，将这些标准木的实测胸径 D（cm）代入全国优势种（组）杉木一元生物量方程：

$$W_{干}=0.0543D^{2.4242} \tag{3.15}$$

$$W_{枝}=0.0255D^{2.0726} \tag{3.16}$$

$$W_{叶}=0.0773D^{1.5761} \tag{3.17}$$

$$W_{根}=0.0513D^{2.0338} \tag{3.18}$$

将实测胸径（cm）和树高（m）代入全国优势种（组）杉木二元生物量方程：

$$W_{干}=0.0422(D^2H)^{0.8623} \tag{3.19}$$

$$W_{枝}=0.0206(D^2H)^{0.7367} \tag{3.20}$$

$$W_{叶}=0.0664(D^2H)^{0.5589} \tag{3.21}$$

$$W_{根}=0.0418(D^2H)^{0.7222} \tag{3.22}$$

分别得到杉木分器官生物量模拟值，与标准木实测值进行比较，结果表明，作为单株生物量主体的干和根生物量的模拟值与估计值差异不显著（$P<0.01$），而且对于胸径在 30 cm 以下的个体一元方程和二元方程分器官生物量模拟值均接近实测值，大径级个体模拟值与实测值之间的差异增大（图 3.10）。

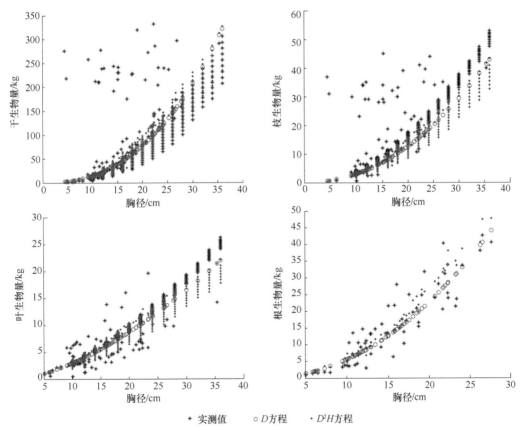

图 3.10　杉木分器官生物量方程模拟值与实测值比较

D 方程代表一元生物量模型；D^2H 方程代表二元生物量模型

3.2.2 台站数据检验

第二种验证生物量方程的方法就是利用野外台站的实测数据来检验生物量方程，随机选取湖南省杉木人工林的生物量方程作为验证对象，用 1999～2006 年湖南省杉木人工林观测场的实测数据来检验，将实测胸径（cm）代入本研究中的湖南省杉木人工林一元生物量模型：

$$W_{干}=0.0312D^{2.5239} \tag{3.23}$$

$$W_{枝}=0.0065D^{2.4554} \tag{3.24}$$

$$W_{叶}=0.0109D^{2.3226} \tag{3.25}$$

$$W_{根}=0.0434D^{2.0116} \tag{3.26}$$

将实测胸径（cm）、树高（m）分别代入本研究中的湖南省杉木人工林二元生物量模型：

$$W_{干}=0.0310(D^2H)^{0.8734} \tag{3.27}$$

$$W_{枝}=0.0066(D^2H)^{0.8471} \tag{3.28}$$

$$W_{叶}=0.0118(D^2H)^{0.7914} \tag{3.29}$$

$$W_{根}=0.0434(D^2H)^{0.6953} \tag{3.30}$$

分别得到湖南省杉木分器官生物量模拟值（表 3.1），由于在文献中收集到的单株生物量方程非常有限，本研究没有专门针对单株生物量的预测模型，而是以分器官生物量之和代替单株生物量。

表 3.1 湖南省杉木人工林单株生物量

年份	株数	平均胸径/cm	平均树高/m	实测值/kg	D 方程模拟值/kg	D^2H 方程模拟值/kg
1999	337	18.20	14.40	85.73	79.40	84.51
2001	337	18.19	15.46	90.08	79.29	89.56
2003	316	19.82	18.26	116.41	97.42	118.55
2004	207	22.72	19.09	132.40	135.27	154.34
2005	207	22.37	18.83	145.99	130.31	148.70
2006	207	22.57	18.96	146.93	133.13	151.79
2004	182	23.46	19.57	73.09	146.12	166.19
2005	182	22.95	19.19	154.64	138.59	157.63
2006	182	23.18	19.34	155.92	141.95	161.31

由表 3.1 可以看出，本研究拟合的杉木人工林生物量方程的模拟值与标准木实测生物量差异不显著，将一元生物量方程和二元生物量方程的模拟值分别与实测值进行差异

显著性检验，P 值分别为 0.195 和 0.298，均大于 0.05，说明可以用本研究的生物量方程较准确地预估森林生物量。

3.2.3 与一元立木生物量表估算结果对比

第三种检验生物量方程的方法是与第三方数据进行对比，本研究以落叶松和马尾松为例，与曾伟生等（2011）的一元立木生物量表预测结果进行比对（图 3.11 和图 3.12）。将一元立木生物量表中落叶松 D 值分别代入本研究中全国优势种（组）落叶松一元生物量方程：

$$W_{干}=0.0526D^{2.5257} \tag{3.31}$$

$$W_{枝}=0.0085D^{2.4815} \tag{3.32}$$

$$W_{叶}=0.0168D^{2.0026} \tag{3.33}$$

$$W_{根}=0.0219D^{2.2645} \tag{3.34}$$

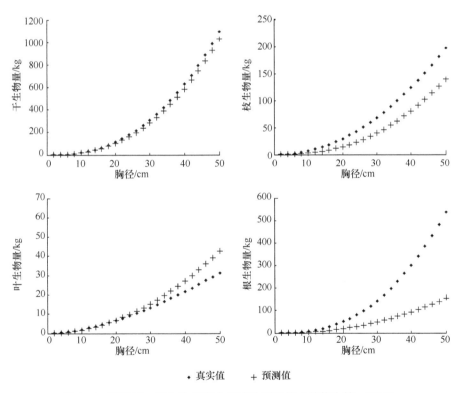

$\bullet$ 真实值 $+$ 预测值

图 3.11 落叶松一元生物量表中相应的预测值（曾伟生等，2011）
与本研究中生物量方程预测值比较
真实值为一元生物量表数据，预测值为本研究中生物量方程预测值；下同

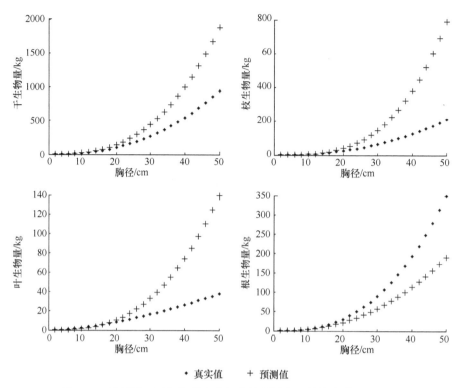

图 3.12　马尾松一元生物量表中相应的预测值（曾伟生等，2011）
与本研究中生物量方程预测值比较

将马尾松 D 值分别代入本研究中全国优势种（组）马尾松及其他松类一元生物量方程：

$$W_{\text{干}}=0.0292D^{2.8301} \tag{3.35}$$

$$W_{\text{枝}}=0.0021D^{3.2818} \tag{3.36}$$

$$W_{\text{叶}}=0.0021D^{2.8392} \tag{3.37}$$

$$W_{\text{根}}=0.0194D^{2.3497} \tag{3.38}$$

结果表明，落叶松干生物量模拟值与曾伟生等（2011）一元立木生物量表中生物量预测值非常接近，本研究枝、叶、根一元生物量方程在立木胸径小于 20 cm 的情况下，平均预估精度达到约 96%，但对于胸径大于 20 cm 个体，由本研究的方程模拟枝和根生物量结果偏低，叶生物量偏高，径级越大，偏差越大，但都在可接受的误差范围内（图 3.11）。

对比南方马尾松分器官一元生物量方程，结果表明：胸径小于 20 cm 时，本研究中生物量方程与曾伟生等（2011）一元立木生物量表中预测结果非常相近，平均预估精度达到 90%，但对于胸径大于 20 cm 的个体，本研究中方程模拟结果除了根生物量模拟值偏低外，干、枝、叶生物量模拟值偏高（图 3.12）。

对于胸径在 20 cm 以上落叶松和马尾松的生物量，如果用本研究中的分省（自治区、直辖市）落叶松生物量方程进行计算，除了干生物量模拟值与一元立木生物量表中预测值高度吻合外，其他分器官生物量预测值与相应的一元立木生物量表中预测值差异较大，落叶松叶和根生物量的预估偏差分别达到了47%和60%，马尾松干、枝、叶、根生物量的预估偏差也分别达到了70%、130%、110%和40%。这表明：针对不同径级建立不同的生物量模型是非常有必要的，为了验证这一观点，用本研究的群系分径级落叶松分器官生物量方程预测值与一元立木生物量表中相应的预测值进行比较，将胸径大于20 cm 的值选出来，D 值分别代入寒温带针叶林（≥20 cm）生物量方程：

$$W_干=0.0542D^{2.4864} \tag{3.39}$$

$$W_枝=0.0106D^{2.4123} \tag{3.40}$$

$$W_叶=0.0096D^{2.2299} \tag{3.41}$$

$$W_根=0.0267D^{2.3830} \tag{3.42}$$

将一元立木生物量表中胸径大于20 cm 的马尾松 D 值分别代入亚热带常绿阔叶林植被区的针叶林（$D \geq 20$ cm）生物量方程 [式（3.43）～式（3.46）]，以此来验证 $D \geq 20$ cm 马尾松分器官生物量模型（图3.12）。

$$W_干=0.054D^{2.484} \tag{3.43}$$

$$W_枝=0.011D^{2.506} \tag{3.44}$$

$$W_叶=0.040D^{1.902} \tag{3.45}$$

$$W_根=0.019D^{2.420} \tag{3.46}$$

结果表明：用本研究中分径级生物量方程计算出来的预测值非常接近一元立木生物量表中相应的分器官生物量预测值，胸径在20cm 以上落叶松干、枝、叶、根生物量模拟值相对一元立木生物量表中相应预测值的偏差分别为16%、32%、31%、40%，本研究中模型除叶的生物量预测值偏低外，其他分器官的生物量预测结果偏高（图3.11）；胸径在20 cm 以上马尾松干、枝、叶、根生物量预测值相对一元立木生物量表中相应预测值的偏差分别为6%、10%、61%、22%。干和枝的生物量与一元立木生物量表中相应的预测值非常接近，但叶的生物量本研究模拟值偏低，根的生物量预测值偏高（图3.12）。

3.2.4　地上、地下生物量关系（根茎比）

植物地上和地下生物量分配格局是生态学研究领域中的一个重要特征变量，通常用根茎比或地下与地上生物量关系来描述（Brown，2002；Kurz et al.，1996；Li et al.，2003；Mokany et al.，2006），不同森林类型的根茎比差异很大。有研究表明，根茎比平均值为 0.24，典型落叶阔叶林根茎比平均值最大，约为 0.31，马尾松林最小，约为 0.17（罗云建等，2013）。

本研究参考 Fang 等（2001b）的分类方法，将全国主要树种分为 22 类，采用本研究中生物量方程计算得到我国主要树种乔木层地上生物量与地下生物量及根茎比（表3.2）。结果表明，我国森林树种平均根茎比为0.23，最大值为阔叶林（0.3）、栎（0.29），最小值为马尾松（0.12）。阔叶树种的根茎比普遍大于针叶树种，这与罗云建等（2013）的研究结果一致。

表 3.2　我国主要树种根茎比

序号	树种	地下生物量/kg	地上生物量/kg	根茎比
1	云杉、冷杉	54.82	241.64	0.23
2	桦木	17.46	66.42	0.26
3	木麻黄	9.69	57.01	0.17
4	杉木	21.94	93.10	0.24
5	柏木	28.09	167.86	0.17
6	栎类	30.05	104.15	0.29
7	桉树	7.25	49.16	0.15
8	落叶松	29.79	118.08	0.25
9	照叶树	28.51	121.64	0.23
10	针阔叶混交林	47.12	188.28	0.25
11	阔叶林	36.13	121.30	0.30
12	杂木	19.52	71.04	0.27
13	华山松	18.69	77.33	0.24
14	红松	29.94	130.69	0.23
15	马尾松	15.23	132.26	0.12
16	樟子松	12.43	48.01	0.26
17	油松	22.37	100.26	0.22
18	针叶林	27.69	114.91	0.24
19	杨树	16.55	62.19	0.27
20	铁杉、柳杉、油杉	44.41	310.77	0.14
21	热带林	44.06	182.95	0.24
22	水曲柳、胡桃楸、黄柏	29.53	111.06	0.27
	总平均值			0.23

第4章 生物量方程的构建依据及数据来源

4.1 构 建 依 据

森林生物量指给定时期内（1 年、10 年或 100 年）某一特定区域内生态系统绿色植物净第一性生产力的累积量，即森林植物群落在其生命过程中所生产的干物质量，表征为单位面积的干物质量（kg/hm^2、g/m^2）或能量（kJ/m^2），受林龄、密度、立地条件和经营措施等因素的影响。同一林分中即使胸径和树高相同的林木，其树冠大小、尖削度及单位材积干物质量也可能不同。在同龄林内，由于林木大小不同，干、枝、叶、根等分器官的干物质量也会存在很大差异。

森林生物量可分为地上部分和地下部分，前者包括乔木干、枝、叶、花、果和灌木、草本植物的茎干、枝叶生物量的总和，后者则指乔木、灌木和草本植物的根系生物量的总和。

森林生物量既能代表林分的经营水平，也能反映森林生态系统物质循环和能量流动的复杂关系。森林生物量数据是解决许多林业经营管理问题和生态问题的基础。国际林业研究机构联合会（International Union of Forestry Research Organizations，IUFRO）（1994）在《国际森林调查监测指南》中明确规定：森林生物量是森林资源监测中的一项重要内容。

森林生物量约占全球陆地植被生物量的 90%（Dixon et al.，1994），它是森林固碳能力的重要标志和评估森林碳收支的重要参数（Brown and Schroeder，1999）。森林生物量的变化反映森林演替、人类活动、自然干扰（如森林火灾、病虫害等）、气候变化等的影响，是衡量森林结构和功能变化的重要指标（Brown，1996）。

本研究所涉及的生物量包含地上部分（干、枝、叶）和地下部分（根）生物量及单株生物量。

4.1.1 中国森林生态系统生物量方程的构建依据

1. 分省（自治区、直辖市）分树种生物量方程的构建依据

生物量方程式（2.20）和（2.21）中，系数 a 跟树木密度有关，不同的树种木材密度差异非常大；系数 b 跟生长环境有关，在不同纬度、不同地区，即使是同一树种，其生长状况也是不同的。a、b 在一定程度上能反映出树形特征，故不同树种的生物量变化规律是不同的，因此，不同树种应采用不同的生物量估算模型。即使是相同树种分布在

不同地区，其生长变化规律可能是不同的，以分布非常广泛的马尾松为例说明。如表4.1所示，69年生马尾松，在四川省其胸径和树高分别为 32 cm 和 27 m，在贵州省则分别达 59 cm 和 40 m。这表明林木生长受地理位置、水热条件等环境要素的影响很大，故不同地理区域应该采用不同的生物量估算方程（模型）。

表 4.1　林龄相同的马尾松在贵州和四川的生长情况差异

树龄/年	地区	胸径/cm	树高/m	枝下高/m	树冠直径/cm
69	四川	31.80	26.75	23.25	4.00
69	贵州	59.10	40.09	19.10	12.60
80	四川	27.95	21.25	9.92	6.35
80	贵州	51.55	37.40	16.00	4.30

注：数据来源于《中国主要树木生物量汇编》（内部资料，未公开出版）

2. 分省（自治区、直辖市）混合种（组）生物量方程的构建依据

根据林分起源，林分可分为天然林和人工林，起源不同的林木生长过程也不同。树种单一的人工林无论同龄还是异龄林，都具有树种结构简单、株行距较规则等特点，生物量方程简单且估算精度高。然而，混交林尤其是自然更新演替形成的天然混交林，树种组成成分复杂，株行距不规则，树种的空间分布随机，不同树种或同树种的不同个体的年龄千差万别。如果仅仅用分省（自治区、直辖市）优势树种的生物量方程来估算混交林中非优势树种的生物量，势必产生误差。而且，目前已发表文献中的生物量方程仅限于优势树种，大部分非优势树种是没有建立合适的生物量方程的，但这部分树种的生物量又不能忽略，因此，有必要建立这类混合树种（组）的生物量方程。

林学上，通常把由一个树种组成的，或混有其他树种但其材积占比均<10%的林分称作纯林；而由两个或多个树种组成，其中每个树种的材积占比均>10%的林分称为混交林。在本研究中，混交林划分为针叶林、阔叶林和针阔叶混交林 3 类。

4.1.2　群系分径级混合种（组）生物量方程的构建依据

在运用生物量方程进行估算时，估计值与实测值之间往往存在一定的偏差，且径级越大，偏差越大（Zianis，2008）。以胸径在 20 cm 以上落叶松和马尾松为例，对比本研究中拟合方程的结果与一元立木生物量表中相应的预测值（曾伟生等，2011）发现，除了落叶松干生物量与一元立木生物量表的预测值结果高度一致外，其他分器官生物量预测值与一元立木生物量表相应的预测值差异较大，落叶松叶和根生物量的预估误差分别达到了 47% 和 60%（图 4.1），马尾松干、枝、叶、根生物量的预估误差分别达到了 70%、130%、110% 和 40%（图 4.2）。这表明，生物量方程预估误差随径级的增加而增大，这与 Zianis（2008）的研究结果一致。如果用适合小径级个体的生物量方程来计算大径级个体的生物量，就可能导致实质性的错误，为此，有必要针对不同径级树木建立不同的生物量方程。故本研究在分省（自治区、直辖市）生物量方程的基础上，建立群系分径级生物量方程，并对其进行检验。

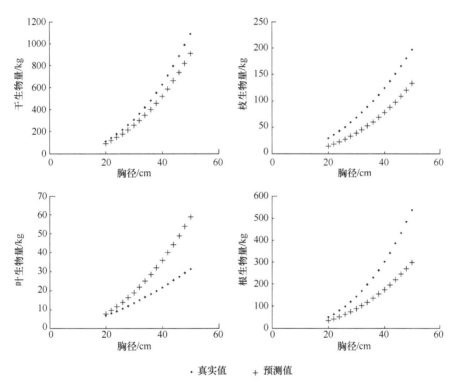

图 4.1　落叶松（$D \geqslant 20 \text{ cm}$）一元生物量表中相应的预测值（曾伟生等，2011）
与本研究中模型预测结果比较

4.1.3　全国优势种（组）生物量方程的构建依据

对于大尺度范围内的生物量预估，划分生物量方程构建总体时，一般都是按树种或树种组，同时考虑生态地理区域和行政区划。生态地理区域是宏观生态系统地带性地域分异规律的客观表现，反映了气候的地域分异规律。《中国综合自然区划（初稿）》将全国分为 5 个热量带和 1 个高寒区（热带、亚热带、暖温带、中温带、寒温带和青藏高原高寒区），再以水分、植被为依据划分为 25 个自然地带和亚区；《中国植被区划》综合考虑温度、水分、植被因素将全国分为 8 个一级区：寒温带、温带、暖温带、亚热带、热带、温带草原、温带荒漠和青藏高原高寒区。在此基础上，将全国（未含港、澳、台）划分为华北、西北、东北、华东、中南、西南 6 个区域，或华北、西北、东北、华东、华中、华南、西南 7 个区域。

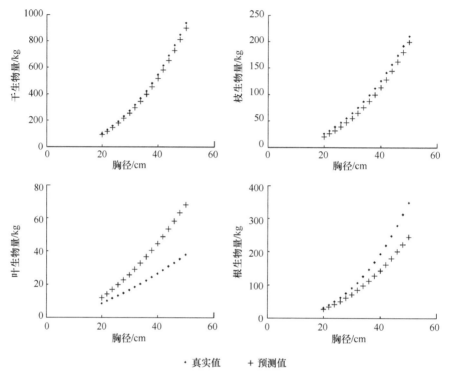

·真实值　　　+ 预测值

图 4.2　马尾松（D≥20cm）一元生物量表中相应的预测值（曾伟生等，2011）
与本研究中生物量方程预测结果比较

　　为了方便用统一的方法比较不同地理区域和行政区划的森林生态系统生物量，有必要构建全国尺度优势树种（组）林木生物量方程。由于我国森林类型多样、林木树种繁多，不可能也没有必要为所有树种建立生物量方程，鉴于某些自然林群落中 20% 树种（建群种、优势种和共优势树种）的生物量可能占群落总生物量的 90%，考虑单独建立其生物量方程，但其他非优势树种的生物量也不容忽视，一般考虑合并建立混合生物量方程。

　　建立大尺度范围生物量估算方程时，应该考虑全国森林蓄积量中主要树种的构成比例，结合《立木材积表》（LY 208—1977），兼顾生态地理区域和行政区划，遵循《国家森林资源连续清查技术规定》。本研究参考国家林业部门颁布的林业调查标准、植物分类原则，以及森林类型划分（李海奎等，2012；罗云建等，2013），对生物学特征相似的树种或森林进行归并，共划分出 26 个森林类型（表 4.2）。

表 4.2　森林类型的划分

森林类型	所包含的优势树种
云杉、冷杉林	云杉 *Picea* 林［含川西云杉（*Picea balfouriana* Rehd. et Wils）、大果云杉（*Picea wilsonii* Mast.）、红皮云杉（*Picea koraiensis* Nakai）、林芝云杉（*Picea likiangensis* var. *linzhiensis* Cheng et L. K. Fu）、青海云杉（*Picea crassifolia* Kom.）、雪岭云杉（*Picea schrenkiana* Fisch. et Mey.）、紫果云杉（*Picea purpurea* Mast.）］；冷杉 *Abies* 林［含长苞冷杉（*Abies georgei* Orr）和峨眉冷杉（*Abies fabri*（Mast.））］、秦岭冷杉（*Abies chensiensis* Van Tiegh）林、祁连圆柏（*Sabina przewalskii* Kom.）林等
桦木林	白桦（*Betula platyphylla* Suk.）、黑桦（*Betula dahurica* Pall.）、红桦（*Betula albosinensis* Burk.）、西南桦（*Betula alnoides* Buch. -Ham. ex D. Don）、光皮桦（*Betula luminifera* H. Wink）等
铁杉、柳杉、油杉林	铁杉［*Tsuga chinensis*（Franch.）Pritz.］、柳杉（*Cryptomeria fortunei* Hooibrenkex Otto et Dietr.）、日本柳杉［*Cryptomeria japonica*（Thunb. ex L. f.）D. Do］、铁坚油杉［*Keteleeria davidiana*（Bertr.）Beissn.］、云南油杉（*Keteleeria evelyniana* Mast.）、青岩油杉［*Keteleeria davidiana*（Bertr.）Beissn. var. *chien-peii*（Flous）Cheng et L. K. Fu］等
落叶松林	长白落叶松（*Larix olgensis* Henry）、华北落叶松（*Larix principis-rupprechtii* Mayr）、日本落叶松［*Larix kaempferi*（Lamb.）Carr.］、兴安落叶松［*Larix gmelinii*（Rupr.）Kuzen.］、四川红杉（*Larix mastersiana* Rehd. et Wils）、太白红杉（*Larix chinensis* Beissn.）等
红松林	红松（*Pinus koraiensis* Sieb. et Zucc.）
云南松林	云南松（*Pinus yunnanensis* Franch.）
华山松林	华山松（*Pinus armandii* Franch.）
油松林	油松（*Pinus tabulaeformis* Carr.）
樟子松林	樟子松（*P. sylvestris* Linn. var. *mongolica* Litv.）
马尾松及其他松林	马尾松（*Pinus massoniana* Lamb）、赤松（*Pinus densiflora* Sieb. et Zucc.）、黑松（*Pinus thunbergii* Parl.）、高山松（*Pinus densata* Mast）、台湾果松［*Pinus armandi* Franch. var. *mastersiana*（Hayata）Hayata］、海南五针松（*Pinus fenzeliana* Hand. -Mzt）、火炬松（*Pinus taeda* L.）、湿地松（*Pinus elliottii* Engelm）、思茅松（*Pinus kesiya* Royle ex Gordon var. *langbianensis*（A. Chev.）Gaussen）、晚松［*Pinus rigida* var. *serotina*（Michx.）Loud. ex Hoopes］等
柏木林	柏木（*Cupressus* L.）、墨西哥柏（*Cupressus lusitanica* Miller）、福建柏［*Fokienia hodginsii*（Dunn）Henry et Thomas］等
栎林	辽东栎（*Quercus wutaishanica* Mayr）、麻栎（*Quercus acutissima* Carruth.）、蒙古栎（*Quercus mongolica* Fisch. ex Ledeb.）、锐齿槲栎（*Quercus aliena* Bl. var. *acutiserrata* Maxim.）、栓皮栎（*Quercus variabilis* Bl.）等
其他硬阔林	胡桃楸（*Juglans mandshurica* Maxim.）、水曲柳（*Fraxinus mandschurica* Rupr.）、元宝枫（*Acer truncatum* Bunge）等
杉木及其他杉类	杉木［*Cunninghamia lanceolate*（Lamb.）Hook.］、水杉（*Metasequoia glyptostroboides* Hu & W. C. Cheng）、秃杉（*Taiwania flousiana* Gaussen）等
桉树林	桉树（*Eucalyptus robusta* Smith）、柠檬桉（*Eucalyptus citriodora* Hook. f.）、尾叶桉（*Eucalyptus urophylla* S. T. Blakely）等
杨树林	山杨（*Populus davidiana* Dode）、五台青杨（*Populus cathayana* Rehd.）等
其他软阔林	刺槐（*Robinia pseudoacacia* Linn.）、枫香（*Liquidambar formosana* Hance）等
木麻黄	木麻黄（*Casuarina equisetifolia* Forst.）

续表

森林类型	所包含的优势树种
典型落叶阔叶林	栎属（*Quercus* Linn.）[含辽东栎（*Quercus wutaishanica* Mayr）、麻栎（*Quercus acutissima* Carruth.）、蒙古栎（*Quercus mongolica* Fisch. ex Ledeb.）、锐齿槲栎（*Quercus aliena* Bl. var. *acutiserrata* Maxim.）、栓皮栎（*Quercus variabilis* Bl.）]、胡桃楸（*Juglans mandshurica* Maxim.）、水曲柳（*Fraxinus mandschurica* Rupr.）、元宝枫（*Acer truncatum* Bunge）等
亚热带落叶阔叶林	白花泡桐[*Paulownia fortunei*（Seem.）Hemsl.]、檫木[*Sassafras tzumu*（Hemsl.）Hemsl.]、鹅掌楸[*Liriodendron chinense*（Hemsl.）Sargent.]、枫香（*Liquidambar formosana* Hance）、连香树（*Cercidiphyllum japonicum* Sieb. et Zucc.）、米心水青冈（*Fagus engleriana* Seem.）、南酸枣[*Choerospondias axillaris*（Roxb.）Burtt et Hill.]、拟赤杨[*Alniphyllum fortune*（Hemsl.）Makino]、桤木（*Alnus cremastogyne* Burk.）、银鹊树（*Tapiscia sinensis* Oliv.）、其他亚热带落叶阔叶林{枫香（*Liquidambar formosana* Hance）、鹅掌楸[*Liriodendron chinense*（Hemsl.）Sargent.]、檫木（*Sassafras tzumu*（Hemsl.）Hemsl.]、麻栎（*Quercus acutissima* Carruth.）}等
典型常绿阔叶林	栲 *Castanopsis*[含短刺栲（*Castanopsis echidnocarpa* Miq.）、红锥（*Castanopsis hystrix* Miq.）、闽粤栲（*Castanopsis fissa* Rehder E.H. Wilson）、南岭栲（*Castanopsis fordii* Hance）、青钩栲（*Castanopsis kawakamii* Hay）、丝栗栲（*Castanopsis fargesii* Franch.）]、甜槠[*Castanopsis eyrei*（Champ.）Tutch.]、米槠[*Castanopsis carlesii*（Hemsl.）Hay.]、苦槠[*Castanopsis sclerophylla*（Lindl.）Schott.]、青冈 *Cyclobalanopsis*{含青冈（*Cyclobalanopsis glauca*（Thunb.）Oerst.]、福建青冈[*Cyclobalanopsis chungii*（Metc.）Y. C. Hsu et H. W. Jen ex Q. F. Zheng]、黄毛青冈[*Cyclobalanopsis delavayi*（Franch.）Schott.]、突脉青冈（*Cyclobalanopsis elevaticostata* Q. F. Zheng)}、木荷（*Schima superba* Gardn. et Champ.）、楠木（*Phoebe zhennan* S. Lee）、润楠（*Machilus pingii* Cheng ex Yang）、石栎[*Lithocarpus glaber*（Thunb.）Nakai]等
其他亚热带阔叶林	大头茶[*Gordonia axillaris*（Roxb.）Dietr]、观光木（*Tsoongiodendron odorum* Chun）、合果木[*Paramichelia baillonii*（Pierre）Hu]、红豆树（*Ormosia hosiei* Hemsl. et Wils.）、猴欢喜[*Sloanea sinensis*（Hance）Hemsl.]、黄背栎（*Quercus pannosa* Hand.-Mazz.）、灰背栎（*Quercus senescens* Hand.-Mazz.）、火力楠（*Michelia macclurei* Dandy）、米老排（*Mytilaria laosensis* Lec.）、木荚红豆（*Ormosia xylocarpa* Chun ex L. Chen）、木莲（*Manglietia fordiana* Oliv.）、山杜英[*Elaeocarpus sylvestris*（Lour.）Poir.]、香叶树（*Lindera communis* Hemsl.）、樟树（*Cinnamomum bodinieri* Levl.）等
针叶林	其他针叶林
阔叶林	其他阔叶林
针阔叶混交林	其他针阔叶混交林
热带林	热带雨林

4.2　数据来源

4.2.1　野外实测数据

用于拟合本研究生物量模型的数据均为中国科学院科技先导专项课题"森林课题"所提供的野外实测数据，采用抽样调查的方法，随机布点，涵盖了全国 7800 个中国典型森林生态系统样地。

4.2.2　文献方程数据

1. 文献方程数据来源

本研究参照美国国家环境保护局项目"利用文献综合和 meta 分析法构建北美乔木和灌木生物量方程"的研究方法（Jenkins et al., 2004; David and Jennifer, 2010），利用"生物量""生物量相对生长""生物量异速生长""生物量方程""生物量模型""biomass equation""biomass model""biomass function"等关键词，通过检索中国国家图书馆、中国林业数字图书馆、中国学术期刊网络出版总库（中国知网）、中文科技期刊数据库（维普资讯）、万方数据知识服务平台、Web of Science 数据库等国内外重要数据库，以期收集于 1970～2015 年正式发表文献中使用标准调查方法得到的符合生物学规律的中国林木生物量方程（中国香港、澳门、台湾地区除外），还参考了我国已经整理的林木生物量模型清单（罗天祥, 1996; 罗云建等, 2015），内容涵盖森林碳、养分循环、森林资源清查资料、温室气体排放、生物量等相关研究领域，包括针对单一树种或一批树种不同林龄、林型、地理区域等信息的生物量方程。本次整理工作舍弃了那些符合统计学规律但不符合生物学逻辑的方程，包括对方程进行赋值出现负值的、方程结构违背树木分形几何规律的及决定系数低的方程。本研究共整理出约 900 套生物量方程数据。这些数据涵盖我国 31 个省（自治区、直辖市）主要优势树种自 1970 年以来 40 多年的生物量方程研究成果。其主要特点归纳如下（图 4.3）：①60%为基于 D 或 D^2H 为自变量的幂函数方程，其余为线性方程、对数方程和二次曲线方程等。②97%的文献生物量方程采用 D 和（或）H 作为自变量，仅 3%的方程采用冠幅作为自变量。③26%的文献生物量方程缺少根或枝、叶部分的生物量，60%的方程没有给出其适用的胸径范围。基于生物学意义优先的原则，筛选出 500 多套幂函数生物量估算方程作为本研究构建生物量模型的基础数据库。

2. 文献方程数据分析

从文献生物量方程发表年份来看，90%以上的生物量方程发表于 1980 年以后，而且逐年递增，高峰时期出现在 2000 年以后（约 55%）（图 4.3a）；约 60%的生物量方程采用了幂函数形式（图 4.3b），其中针叶林方程 500 套左右，阔叶林方程 400 套左右；天然林方程 500 套左右，人工林方程 400 套左右（图 4.3c）。

从生物量方程的完整性描述来看，干、枝、叶、根等分器官完整的生物量方程数量约占 67%，缺干、枝、叶、根的方程分别占 8%、8%、9%、8%（图 4.3d）。这表明，以往的文献生物量方程存在内容不完整、形式不统一、界定不清晰等问题，这给使用者带来一定的困扰。故本研究将针对这一问题，用统一的方法和形式，对这些方程进行重新赋值、拟合，建立一套简单实用的生物量方程。

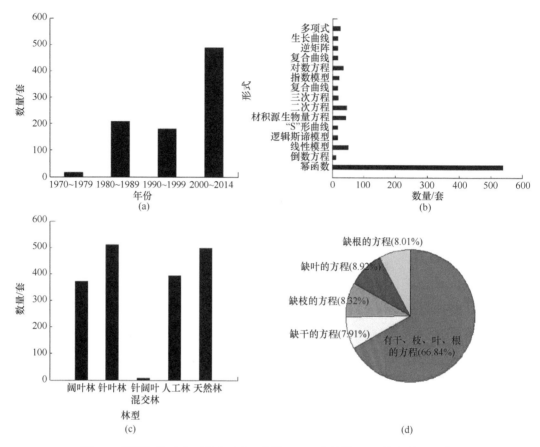

图 4.3　不同年份（a）、形式（b）、林型（c）、完整性（d）的文献方程数量

4.2.3　联网监测数据

本研究构建生物量方程用到的部分数据还来源于国家森林生态站联网监测数据。2005 年，我国发布了中华人民共和国林业行业标准《森林生态系统定位研究站建设技术要求》（LY/T 1626—2005）。2008 年，国家林业局发布了《陆地生态系统定位研究网络中长期发展规划（2008—2020 年）》。2014 年，国家林业局下发了《国家陆地生态系统定位观测研究站网管理办法》的通知。林业行业标准、规划及管理办法的制定，为森林生态站完成森林生态清查提供了切实的技术保障。目前，国家林业局所属的国家级森林生态站实现了对我国 9 个植被气候区和 48 个地带性植被类型的全覆盖，组建了横跨 30 个纬度的全国性监测网络，形成了由南向北以热量驱动、由东向西以水分驱动的森林生态状况梯度观测网。根据气候带和不同区域的特点，同时建立了针对寒温带、暖温带、干旱半干旱区、热带的观测指标体系，分别形成 4 个中华人民共和国林

业行业标准:《森林生态系统长期定位观测方法》(LY/T 1952—2011)、《森林生态系统定位研究站数据管理规范》(LY/T 1872—2010)、《森林生态站数字化建设技术规范》(LY/T 1873—2010)、《森林生态系统服务功能评估规范》(LY/T 1721—2008)。这对森林生态站各种数据的采集、传输、整理、计算、存档、质量控制、共享等进行了规范要求,并按照同一标准进行观测数据的数字化采集和管理,为全国森林生态站联网观测奠定了坚实的基础。

第 5 章　中国主要优势树种生物量方程及评价

5.1　生物量方程

5.1.1　分省（自治区、直辖市）分树种生物量方程

将实测胸径（D）和树高（H）代入从文献中查找出的相应树种的生物量方程后，按照本书第 3 章方法拟合得到的各省（自治区、直辖市）主要优势树种生物量方程见表 5.1。

表 5.1　基于文献方程优化的各省（自治区、直辖市）主要优势树种生物量方程

省(自治区、直辖市)	优势树种	器官	D 方程 $W=aD^b$			D^2H 方程 $W=a(D^2H)^b$			胸径范围/cm
			a	b	r^2	a	b	r^2	
吉林	白桦	干	0.1951	2.2398	0.91	0.0789	0.8607	0.98	5～60
		枝	0.0228	2.2723	0.92	0.0090	0.8742	0.94	
		叶	0.0111	1.9708	0.77	0.0051	0.7552	0.69	
		根	0.0322	2.3600	0.95	0.0128	0.8024	0.95	
	黑桦	干	0.1795	2.0440	0.96	0.0842	0.7965	0.97	5～50
		枝	0.0094	2.7151	0.88	0.0033	1.0630	0.93	
		叶	0.082	2.1970	0.86	0.0035	0.8603	0.91	
		根	0.565	2.1311	0.99	0.0269	0.8222	0.98	
	红松	干	0.0418	2.5919	0.99	0.0204	0.9822	0.99	5～150
		枝	0.0208	1.9612	0.99	0.0119	0.7457	0.99	
		叶	0.0873	1.3480	0.99	0.0594	0.5125	0.99	
		根	0.0457	2.3442	0.99	0.0234	0.8912	0.99	
	蒙古栎	干	0.2053	2.2928	0.99	0.1131	0.8631	0.88	5～90
		枝	0.0098	2.7006	0.99	0.0049	1.1016	0.86	
		叶	0.0257	1.9377	0.97	0.0156	0.7295	0.88	
		根	0.0772	2.2983	0.99	0.0428	0.8652	0.98	
	山杨	干	0.2538	1.1815	0.96	0.1281	0.6952	0.99	5～50
		枝	0.0470	1.9739	0.99	0.0234	0.7496	0.98	
		叶	0.0222	2.1885	0.99	0.0103	0.8309	0.98	

续表

省（自治区、直辖市）	优势树种	器官	D 方程 $W=aD^b$			D^2H 方程 $W=a(D^2H)^b$			胸径范围/cm
			a	b	r^2	a	b	r^2	
吉林	山杨	根	0.2501	1.6022	0.99	0.1417	0.6087	0.98	5～50
	樟子松	干	0.1790	2.0310	0.99	0.0995	0.7656	0.96	5～30
		枝	0.0844	1.7692	0.97	0.0464	0.6778	0.96	
		叶	0.0732	1.6675	0.97	0.0422	0.6372	0.96	
		根	0.1886	1.6143	0.99	0.1148	0.6122	0.97	
辽宁	红松	干	0.0925	2.2512	0.99	0.0841	0.7956	0.99	5～50
		枝	0.0360	2.3130	0.99	0.0326	0.8176	0.99	
		叶	0.0544	1.9714	0.99	0.0501	0.6966	0.99	
		根	0.0399	2.2191	0.99	0.0376	0.7802	0.99	
	樟子松	干	0.1356	2.1008	0.99	0.1226	0.7631	0.97	5～25
		枝	0.0676	1.7631	0.96	0.0578	0.6513	0.98	
		叶	0.0587	1.6722	0.97	0.0511	0.6162	0.98	
		根	0.1441	1.6684	0.99	0.1305	0.6088	0.98	
黑龙江	白桦	干	0.1424	2.3067	0.96	0.0746	0.8466	0.95	5～60
		枝	0.0347	1.9698	0.97	0.0199	0.7231	0.96	
		叶	0.0227	1.6642	0.97	0.0142	0.6110	0.96	
		根	0.0322	2.3602	0.96	0.0166	0.8663	0.95	
	黑桦	干	0.1097	2.2671	0.98	0.1059	0.7612	0.93	5～110
		枝	0.0041	3.0893	0.93	0.0030	1.0736	0.95	
		叶	0.0037	2.5508	0.96	0.0030	0.8805	0.93	
		根	0.0251	2.4479	0.97	0.0230	0.8291	0.98	
	红松	干	0.0650	2.3133	0.95	0.0333	0.8880	0.98	5～160
		枝	0.0061	2.8801	0.87	0.0027	1.1109	0.88	
		叶	0.0077	2.6441	0.99	0.0044	0.9982	0.91	
		根	0.0149	2.4367	0.93	0.0075	0.9399	0.99	
	蒙古栎	干	0.1900	2.3236	0.99	0.1699	0.8064	0.76	5～110
		枝	0.0095	2.7137	0.99	0.0084	0.9419	0.71	
		叶	0.0226	1.9933	0.99	0.0206	0.6914	0.78	
		根	0.0644	2.3519	0.99	0.0575	0.8161	0.89	

续表

省（自治区、直辖市）	优势树种	器官	D 方程 $W=aD^b$			D^2H 方程 $W=a(D^2H)^b$			胸径范围/cm
			a	b	r^2	a	b	r^2	
黑龙江	樟子松	干	0.0545	2.4231	0.99	0.0577	0.8593	0.94	5～70
		枝	0.1729	1.3595	0.99	0.1784	0.4822	0.98	
		叶	0.1875	1.6436	0.99	0.1943	0.5834	0.97	
		根	0.0643	2.0103	0.99	0.0670	0.7140	0.99	
内蒙古	落叶松	干	0.0587	2.4520	0.98	0.0334	0.9171	0.99	5～140
		枝	0.0053	2.6328	0.98	0.0028	0.9417	0.99	
		叶	0.0075	2.1477	0.98	0.0050	0.7309	0.99	
		根	0.0508	2.2092	0.97	0.0226	0.8520	0.99	
	油松	干	0.0280	2.5477	0.97	0.0455	0.8716	0.97	5～80
		枝	0.9180	1.0100	0.99	1.1125	0.3455	0.97	
		叶	0.0196	1.8705	0.99	0.0280	0.6399	0.97	
		根	0.0118	2.5377	0.99	0.0191	0.8682	0.97	
	白桦	干	0.1659	2.2300	0.97	0.0642	0.8734	0.92	5～100
		枝	0.0373	1.9075	0.99	0.0165	0.7471	0.92	
		叶	0.0123	1.9112	0.99	0.0054	0.7486	0.92	
		根	0.0133	2.7138	0.99	0.0042	1.0629	0.92	
	山杨	干	0.4769	1.6622	0.94	0.0859	0.8001	0.94	6～140
		枝	0.0221	1.7528	0.95	0.0036	0.8437	0.94	
		叶	0.1085	1.2748	0.94	0.0291	0.6136	0.94	
		根	0.0936	1.8224	0.94	0.0143	0.8772	0.94	
	榆树	干	0.0607	2.5990	0.99	0.0773	0.9947	0.96	5～120
		枝	0.0678	1.9623	0.99	0.0814	0.7510	0.96	
		叶	0.0148	1.9816	0.99	0.0178	0.7584	0.96	
		根	0.0633	2.1362	0.82	0.0772	0.8176	0.96	
	杨树	干	0.0551	2.4316	0.99	0.0216	0.9873	0.94	5～140
		枝	0.0059	2.7715	0.99	0.0020	1.1254	0.94	
		叶	0.0116	1.9482	0.99	0.0055	0.7911	0.94	
		根	0.0209	2.3677	0.99	0.0084	0.9614	0.94	
西藏	杨树	干	0.0421	2.5000	0.99	0.0529	0.8364	0.99	5～60
		枝	0.0119	2.4624	0.96	0.0260	0.7655	0.87	

省(自治区、直辖市)	优势树种	器官	D 方程 $W=aD^b$			D^2H 方程 $W=a(D^2H)^b$			胸径范围/cm
			a	b	r^2	a	b	r^2	
西藏	杨树	叶	0.0049	2.3428	0.95	0.0078	0.753	0.93	5～60
		根	0.0095	0.5964	0.99	0.0079	0.9577	0.98	
	云杉	干	0.1899	1.9990	0.99	0.1536	0.7413	0.86	5～190
		枝	0.0069	2.6203	0.99	0.0052	0.9652	0.67	
		叶	0.1879	1.5397	0.98	0.1600	0.5672	0.55	
		根	0.0990	1.8909	0.99	0.0810	0.6974	0.32	
	云南松	干	0.0429	2.4670	0.98	0.0374	0.8856	0.99	5～145
		枝	0.0588	1.9839	0.98	0.0526	0.7122	0.99	
		叶	0.0188	2.0444	0.98	0.0168	0.7339	0.92	
		根	0.1565	1.6277	0.89	0.1429	0.5843	0.99	
	冷杉	干	0.0733	2.3023	0.99	0.0475	0.8600	0.97	5～235
		枝	0.1619	1.7133	0.96	0.1139	0.6400	0.71	
		叶	0.2726	1.3385	0.98	0.2072	0.5000	0.64	
		根	0.0378	2.1952	0.99	0.2413	0.8200	0.84	
	柏木	干	0.1391	2.3928	0.97	0.1044	0.9600	0.99	5～140
		枝	0.0373	2.1934	0.97	0.0286	0.8800	0.99	
		叶	0.0642	1.6699	0.95	0.0526	0.6700	0.95	
		根	0.0243	2.3920	0.89	0.0183	0.9600	0.95	
青海	云杉	干	0.0530	2.3826	0.98	0.0447	0.8564	0.98	5～90
		枝	0.0222	2.3690	0.98	0.0184	0.8539	0.98	
		叶	0.0150	2.3885	0.98	0.0120	0.8654	0.99	
		根	0.0107	2.5956	0.98	0.0084	0.9405	0.99	
	杨树	干	0.0723	2.3115	0.97	0.0417	0.8660	0.99	7～20
		枝	0.0159	2.4081	0.98	0.0095	0.8951	0.98	
		叶	0.0060	2.3409	0.97	0.0035	0.8774	0.99	
		根	0.0272	2.3332	0.99	0.0289	0.7860	0.88	
山西	华北落叶松	干	0.2701	0.5571	0.90	2.3032	0.2120	0.98	5～50
		枝	1.3116	0.4184	0.84	1.1638	0.1592	0.98	
		叶	0.7231	0.3611	0.88	0.6522	0.1374	0.98	
		根	1.7438	0.3216	0.88	1.5907	0.1224	0.98	

续表

省(自治区、直辖市)	优势树种	器官	D 方程 $W=aD^b$			D^2H 方程 $W=a(D^2H)^b$			胸径范围/cm
			a	b	r^2	a	b	r^2	
山西	山杨	干	0.0853	2.3156	0.99	0.0403	0.8972	0.95	5~40
		枝	0.0040	2.8460	0.92	0.0022	1.0626	0.95	
		叶	0.0140	2.0871	0.83	0.0208	0.6524	0.61	
		根	0.0134	2.5412	0.98	0.0030	1.0710	0.99	
	栓皮栎	干	0.1175	2.3591	0.97	0.0440	0.9418	0.98	5~40
		枝	0.0396	2.4064	0.97	0.0146	0.9607	0.99	
		叶	0.0148	2.2580	0.97	0.0058	0.9015	0.99	
		根	0.1022	1.8786	0.97	0.0468	0.7500	0.98	
	侧柏	干	0.5086	1.3656	0.99	0.3987	0.5255	0.93	5~25
		枝	0.0788	1.8002	0.99	0.0572	0.6928	0.93	
		叶	0.0294	2.0538	0.99	0.0204	0.7904	0.93	
		根	0.3184	1.3557	0.99	0.2500	0.5217	0.93	
	刺槐	干	0.0385	2.6187	0.89	0.0261	0.9613	0.96	5~30
		枝	0.1322	1.7950	0.93	0.1012	0.6590	0.96	
		叶	0.0080	2.3032	0.99	0.0057	0.8455	0.96	
		根	0.0178	2.6448	0.99	0.0120	0.9709	0.96	
陕西	油松	干	0.0558	2.4225	0.98	0.0485	0.8510	0.99	5~130
		枝	0.0272	2.2892	0.99	0.0245	0.7991	0.99	
		叶	0.0536	1.8126	0.99	0.0500	0.6308	0.98	
		根	0.0334	2.2462	0.99	0.0298	0.7866	0.99	
	红桦	干	0.0791	2.1880	0.96	0.0228	0.9104	0.99	5~45
		枝	0.0026	3.3359	0.99	0.0006	1.3429	0.96	
		叶	0.0038	2.3901	0.98	0.0013	0.9554	0.96	
		根	0.0131	2.6888	0.96	0.0038	1.0748	0.96	
	华山松	干	0.0890	2.2470	0.97	0.0309	0.9007	0.97	5~45
		枝	0.0316	2.3573	0.90	0.0093	0.9578	0.98	
		叶	0.0008	2.5916	0.93	0.0015	1.0859	0.98	
		根	0.0284	2.2126	0.95	0.0075	0.9210	0.98	
	刺槐	干	0.1800	2.1318	0.96	0.0302	0.9474	0.99	5~40
		枝	0.0374	2.2434	0.96	0.0040	1.0868	0.98	

省（自治区、直辖市）	优势树种	器官	D 方程 $W=aD^b$			D^2H 方程 $W=a(D^2H)^b$			胸径范围/cm
			a	b	r^2	a	b	r^2	
陕西	刺槐	叶	0.0089	2.3462	0.96	0.0060	0.8403	0.98	5~40
		根	0.0178	2.6450	0.99	0.0119	0.9501	0.95	
	巴山松	干	0.1111	2.2771	0.98	0.0221	0.9469	0.99	6~45
		枝	0.0140	2.4540	0.99	0.0029	1.0035	0.98	
		叶	0.0170	2.3210	0.99	0.0039	0.9490	0.98	
		根	0.0265	2.3865	0.98	0.0049	0.9924	0.99	
山东	杨树	干	0.0206	2.9099	0.99	0.0147	1.0251	0.95	5~50
		枝	0.0035	3.1417	0.98	0.0025	1.1067	0.95	
		叶	0.0351	1.8680	0.97	0.0082	0.7951	0.95	
		根	0.0469	2.2744	0.97	0.0075	0.9642	0.95	
	侧柏	干	0.5076	1.3656	0.63	0.4828	0.4911	0.94	5~40
		枝	0.0788	1.8002	0.49	0.0726	0.6493	0.94	
		叶	0.0294	2.0538	0.44	0.0268	0.7408	0.94	
		根	0.3184	1.3557	0.47	0.2994	0.4890	0.94	
	日本落叶松	干	0.0410	2.5530	0.96	0.0747	0.8300	0.88	5~30
		枝	0.0630	1.8040	0.96	0.0962	0.5865	0.88	
		叶	0.0370	1.5510	0.96	0.0533	0.5042	0.88	
		根	0.0470	2.1340	0.96	0.0716	0.6838	0.88	
北京	油松	干	0.2000	1.9441	0.99	0.0634	0.8189	0.99	5~30
		枝	0.0055	2.3134	0.98	0.0111	0.9805	0.99	
		叶	0.0599	1.9368	0.98	0.0185	0.8195	0.99	
		根	0.0308	2.2204	0.99	0.0085	0.9324	0.99	
	落叶松	干	0.0625	2.5525	0.98	0.0428	0.9432	0.99	5~30
		枝	0.0122	2.4563	0.99	0.0088	0.9027	0.99	
		叶	0.0600	1.7714	0.99	0.0490	0.6459	0.98	
		根	0.0160	2.5912	0.99	0.0114	0.9512	0.99	
	五角枫	干	0.0464	2.6008	0.97	0.0314	0.9775	0.99	5~20
		枝	0.0110	2.9347	0.97	0.0069	1.1030	0.99	
		叶	0.0085	2.3421	0.97	0.0060	0.8803	0.99	
		根	0.0670	2.3783	0.97	0.0468	0.8939	0.99	

续表

省（自治区、直辖市）	优势树种	器官	D 方程 $W=aD^b$			D^2H 方程 $W=a(D^2H)^b$			胸径范围/cm
			a	b	r^2	a	b	r^2	
北京	蒙椴	干	0.1256	2.1210	0.99	0.0844	0.7994	0.99	5～25
		枝	0.0193	2.0701	0.99	0.0126	0.7802	0.99	
		叶	0.0734	1.2285	0.99	0.0570	0.4630	0.99	
		根	0.0977	1.9056	0.99	0.0659	0.7182	0.99	
河北	落叶松	干	0.1472	1.9552	0.99	0.1166	0.7141	0.96	5～35
		枝	0.2026	1.2836	0.99	0.1738	0.4688	0.96	
		叶	0.1591	0.9852	0.99	0.1415	0.3598	0.96	
		根	0.1259	1.6313	0.99	0.1036	0.5959	0.96	
	杨树	干	0.0507	2.4732	0.99	0.0204	0.9842	0.98	5～37
		枝	0.0054	2.8152	0.99	0.0019	1.1198	0.98	
		叶	0.0244	1.8778	0.99	0.0122	0.7474	0.98	
		根	0.0192	2.4109	0.99	0.0079	0.9596	0.98	
	油松	干	0.0479	2.4663	0.97	0.0506	0.8728	0.99	5～73
		枝	0.0120	2.4803	0.97	0.0128	0.8773	0.99	
		叶	0.0256	2.0844	0.97	0.0269	0.7375	0.99	
		根	0.0115	2.5534	0.97	0.0124	0.9018	0.99	
天津	杨树	干	0.0692	2.4326	0.99	0.0145	1.0006	0.99	5～20
		枝	0.0072	2.7848	0.99	0.0014	1.1323	0.99	
		叶	0.0120	1.9470	0.71	0.0036	0.7932	0.98	
		根	0.0258	2.3767	0.99	0.0057	0.9754	0.99	
	油松	干	0.2227	1.8563	0.87	0.1696	0.6925	0.99	5～80
		枝	0.0176	2.8093	0.89	0.0123	1.1072	0.97	
		叶	0.0234	2.3445	0.89	0.0174	0.8845	0.96	
		根	0.0080	2.6273	0.90	0.0276	0.7321	0.97	
河南	黄山松	干	0.0212	2.7676	0.96	0.0138	0.9983	0.99	5～48
		枝	0.0047	2.1751	0.99	0.0440	0.7535	0.95	
		叶	0.0137	2.3129	0.99	0.0110	0.8182	0.98	
		根	0.0196	2.4088	0.98	0.0155	0.8528	0.98	
	日本落叶松	干	0.0567	2.5174	0.99	0.0260	0.9338	0.99	6～48
		枝	0.0796	1.7788	0.99	0.0460	0.6597	0.99	

省（自治区、直辖市）	优势树种	器官	D 方程 $W=aD^b$			D^2H 方程 $W=a(D^2H)^b$			胸径范围/cm
			a	b	r^2	a	b	r^2	
河南	日本落叶松	叶	0.0445	1.5374	0.99	0.0276	0.5705	0.99	6~48
		根	0.0619	2.1041	0.99	0.0323	0.7804	0.99	
	杉木	干	0.0440	2.3700	0.97	0.0340	0.8311	0.99	5~97
		枝	0.0360	1.8940	0.97	0.0297	0.6640	0.99	
		叶	0.0400	1.8910	0.97	0.0326	0.6630	0.99	
		根	0.0400	2.1150	0.97	0.0321	0.7414	0.99	
新疆	雪岭云杉	干	0.0667	2.5081	0.99	0.0375	0.9280	0.99	5~123
		枝	0.0027	2.9670	0.99	0.0014	1.0972	0.99	
		叶	0.0193	2.2500	0.99	0.0117	0.8304	0.99	
		根	0.0184	2.5360	0.99	0.0089	0.9695	0.99	
	胡杨	干	0.0550	2.2980	0.99	0.0384	0.8728	0.99	5~69
		枝	0.0922	1.8969	0.99	0.0707	0.6842	0.99	
		叶	0.0056	1.7921	0.99	0.0042	0.6807	0.99	
		根	0.0588	1.9737	0.99	0.0432	0.7496	0.99	
宁夏	油松	干	0.1054	2.0293	0.95	0.0459	0.8983	0.95	5~35
		枝	0.0040	3.0200	0.95	0.0055	1.0875	0.91	
		叶	0.0319	1.8300	0.95	0.0162	0.7878	0.95	
		根	0.0070	2.7220	0.95	0.0152	0.9291	0.91	
	华山松	干	0.0268	2.5360	0.98	0.0406	0.8806	0.95	5~28
		枝	0.0113	2.6534	0.98	0.0175	0.9203	0.95	
		叶	0.0023	2.8727	0.98	0.0038	0.9946	0.94	
		根	0.0066	2.5796	0.98	0.0101	0.8952	0.95	
	青海云杉	干	0.0691	2.2553	0.94	0.0652	0.8215	0.94	5~56
		枝	0.0089	2.3177	0.94	0.0084	0.8443	0.94	
		叶	0.3236	1.2235	0.94	0.3137	0.4457	0.94	
		根	0.0443	2.0159	0.99	0.0422	0.7388	0.94	
甘肃	冷杉	干	0.0418	2.4244	0.99	0.0342	0.8812	0.99	5~93
		枝	0.0218	2.3814	0.99	0.0179	0.8620	0.99	
		叶	0.0061	2.5100	0.99	0.0050	0.9085	0.99	
		根	0.0114	2.4378	0.99	0.0094	0.8824	0.99	

省（自治区、直辖市）	优势树种	器官	D 方程 $W=aD^b$			D^2H 方程 $W=a(D^2H)^b$			胸径范围/cm
			a	b	r^2	a	b	r^2	
甘肃	栓皮栎	干	0.0584	2.4941	0.99	0.0236	0.9681	0.99	5～45
		枝	0.0202	2.5777	0.99	0.0079	1.0010	0.99	
		叶	0.0629	1.5451	0.99	0.0346	0.6056	0.96	
		根	0.1090	2.1310	0.99	0.0549	0.8138	0.99	
	油松	干	0.0550	2.3488	0.98	0.0291	0.8932	0.99	5～55
		枝	0.0124	2.6233	0.99	0.0067	0.9870	0.98	
		叶	0.0144	2.1122	0.99	0.0087	0.7947	0.98	
		根	0.0179	2.4651	0.98	0.0091	0.9376	0.99	
	云杉	干	0.0578	2.3485	0.98	0.0518	0.8402	0.99	5～93
		枝	0.0148	2.4307	0.98	0.0132	0.8695	0.99	
		叶	0.0784	1.8411	0.97	0.0717	0.6592	0.99	
		根	0.0307	2.2282	0.98	0.0279	0.7974	0.99	
重庆	马尾松	干	0.0611	2.4913	0.99	0.0548	0.8545	0.98	5～38
		枝	0.0136	2.5646	0.98	0.0111	0.8909	0.99	
		叶	0.0067	2.4086	0.97	0.0054	0.8406	0.99	
		根	0.0069	2.7064	0.98	0.0056	0.9395	0.99	
	石栎	干	0.0544	2.6859	0.91	0.0414	0.9354	0.99	6～29
		枝	0.0320	2.3399	0.95	0.0427	0.7462	0.91	
		叶	0.0170	2.0835	0.91	0.0138	0.7256	0.99	
		根	0.0287	2.5826	0.94	0.0245	0.8858	0.99	
	栓皮栎	干	0.0554	1.7229	0.97	0.0461	0.6109	0.98	5～19
		枝	0.0141	1.5988	0.97	0.0119	0.5669	0.98	
		叶	0.0120	1.6030	0.97	0.0101	0.5684	0.98	
		根	0.0261	1.6906	0.99	0.0218	0.5994	0.98	
上海	水杉	干	0.0285	2.6604	0.99	0.0146	0.9835	0.99	5～35
		枝	0.0402	1.9898	0.99	0.0243	0.7355	0.99	
		叶	0.1317	1.2972	0.99	0.0949	0.4795	0.99	
		根	0.0172	2.3939	0.99	0.0102	0.8745	0.97	
	香樟	干	0.1048	2.1408	0.99	0.0914	0.7755	0.94	5～64
		枝	0.0122	2.8242	0.99	0.0099	1.0256	0.94	

续表

省（自治区、直辖市）	优势树种	器官	D 方程 $W=aD^b$			D^2H 方程 $W=a(D^2H)^b$			胸径范围/cm
			a	b	r^2	a	b	r^2	
上海	香樟	叶	0.0014	3.2254	0.97	0.0011	1.1713	0.94	5～64
		根	0.0354	2.4069	0.99	0.0298	0.8740	0.94	
	银杏	干	0.2791	1.9384	0.96	0.1114	0.8538	0.96	5～22
		枝	0.0495	1.9768	0.96	0.0193	0.8715	0.97	
		叶	0.0379	1.9819	0.98	0.0159	0.8598	0.95	
		根	0.0948	1.8665	0.97	0.0394	0.8208	0.96	
江苏	杉木	干	0.1738	1.8304	0.98	0.1083	0.6895	0.98	5～11
		枝	0.0633	1.5827	0.99	0.0477	0.5778	0.89	
		叶	1.0590	0.4512	0.99	0.9680	0.1661	0.94	
		根	0.0984	1.5396	0.99	0.0733	0.5649	0.94	
	杨树	干	0.2770	1.9617	0.99	0.0310	0.8859	0.99	5～24
		枝	0.2198	1.6440	0.99	0.0607	0.6745	0.99	
		叶	0.1633	1.5640	0.98	0.0314	0.6540	0.99	
		根	0.0558	1.9226	0.97	0.0184	0.7550	0.99	
	刺槐	干	0.1993	2.3867	0.96	0.2382	0.8312	0.98	5～30
		枝	0.4828	1.5623	0.96	0.6379	0.5219	0.95	
		叶	0.0080	2.7510	0.97	0.0122	0.9292	0.98	
		根	0.0228	2.6026	0.96	0.0274	0.9077	0.98	
四川	马尾松	干	0.0858	2.1890	0.98	0.0409	0.8402	0.99	5～41
		枝	0.0119	2.6330	0.98	0.0049	1.0106	0.99	
		叶	0.0126	2.2875	0.98	0.0058	0.8780	0.99	
		根	0.0170	2.4248	0.98	0.0075	0.9307	0.99	
	云杉	干	0.0347	2.5176	0.99	0.0353	0.8942	0.99	5～23
		枝	0.0094	2.5071	0.98	0.0093	0.8953	0.99	
		叶	0.0063	2.4363	0.97	0.0060	0.8760	0.99	
		根	0.0043	2.7008	0.97	0.0041	0.9711	0.99	
	桦木	干	0.0863	2.3497	0.96	0.0471	0.8894	0.98	5～57
		枝	0.0185	2.3761	0.96	0.0101	0.8980	0.77	
		叶	0.0114	1.9727	0.96	0.0070	0.7427	0.82	
		根	0.0281	2.2028	0.96	0.0158	0.8347	0.99	

省（自治区、直辖市）	优势树种	器官	D 方程 $W=aD^b$			D^2H 方程 $W=a(D^2H)^b$			胸径范围/cm
			a	b	r^2	a	b	r^2	
四川	柏木	干	0.1098	2.1139	0.97	0.0239	0.9716	0.99	5～60
		枝	0.0462	2.2721	0.97	0.0089	1.0449	0.99	
		叶	0.0502	1.9178	0.97	0.0126	0.8808	0.99	
		根	0.2299	1.8478	0.97	0.0616	0.8471	0.99	
广西	杉木	干	0.0322	2.5519	0.98	0.0301	0.8832	0.99	5～50
		枝	0.0076	2.5048	0.99	0.0070	0.8735	0.99	
		叶	0.0272	1.9771	0.97	0.0225	0.7023	0.98	
		根	0.0135	2.4536	0.98	0.0179	0.8027	0.99	
	青冈	干	0.1025	2.3764	0.96	0.0414	0.9354	0.99	5～62
		枝	0.0320	2.3399	0.98	0.0165	0.8871	0.96	
		叶	0.0278	1.8434	0.93	0.0138	0.7256	0.96	
		根	0.0407	2.3376	0.99	0.0175	0.9130	0.99	
安徽	苦槠	干	0.0308	2.6487	0.96	0.0201	0.9719	0.99	5～36
		枝	0.2147	1.4664	0.96	0.0410	0.6620	0.99	
		叶	0.0778	1.4334	0.96	0.0617	0.5259	0.99	
		根	0.0333	2.2546	0.99	0.0281	0.8011	0.96	
	杨树	干	0.3293	1.8592	0.98	0.0635	0.8227	0.99	6～98
		枝	0.5433	1.2801	0.98	0.1710	0.5689	0.99	
		叶	0.1688	1.2758	0.99	0.0568	0.5600	0.97	
		根	0.0666	2.0114	0.99	0.0118	0.8848	0.98	
	栎	干	0.0521	2.5440	0.93	0.0235	0.9792	0.95	5～47
		枝	0.0011	3.5797	0.99	0.0004	1.3585	0.98	
		叶	0.0053	2.2119	0.97	0.0028	0.8444	0.97	
		根	0.0260	2.4283	0.96	0.0125	0.9308	0.97	
江西	杉木	干	0.2206	2.0335	0.92	0.0500	0.8886	0.99	5～48
		枝	0.0035	2.8231	0.96	0.0002	1.3056	0.90	
		叶	0.0449	1.9430	0.91	0.0138	0.8107	0.99	
		根	0.1358	1.8017	0.92	0.0362	0.7883	0.99	
	枫香	干	0.0555	2.4146	0.97	0.0251	0.9232	0.98	7～33
		枝	0.0400	2.2539	0.97	0.0191	0.8616	0.98	

续表

省(自治区、直辖市)	优势树种	器官	D 方程 $W=aD^b$			D^2H 方程 $W=a(D^2H)^b$			胸径范围/cm
			a	b	r^2	a	b	r^2	
江西	枫香	叶	0.2277	1.1843	0.95	0.1565	0.4507	0.98	7～33
		根	0.0371	2.1989	0.99	0.0191	0.8321	0.98	
湖北	青冈栎	干	0.1366	2.2845	0.99	0.0373	0.9227	0.98	5～98
		枝	0.0069	2.9094	0.98	0.0013	1.1776	0.98	
		叶	0.0011	3.0210	0.98	0.0002	1.2247	0.98	
		根	0.0434	2.4476	0.99	0.0141	0.9883	0.98	
	锐齿槲栎	干	0.0283	2.7720	0.99	0.0116	1.0424	0.99	5～65
		枝	0.0409	2.3479	0.99	0.0190	0.8838	0.99	
		叶	0.0093	2.4441	0.99	0.0042	0.9194	0.99	
		根	0.0183	2.5465	0.99	0.0081	0.9576	0.99	
	枫香	干	0.1997	2.0511	0.97	0.0927	0.8006	0.99	5～32
		枝	0.1537	1.6627	0.97	0.0825	0.6490	0.99	
		叶	1.3336	0.5549	0.97	1.0836	0.2166	0.99	
		根	0.2450	1.6905	0.99	0.1456	0.6435	0.96	
湖南	栲	干	0.4070	1.8930	0.98	0.1810	0.7620	0.98	5～40
		枝	1.2560	1.2030	0.99	0.7390	0.4860	0.98	
		叶	0.0640	1.6820	0.98	0.0310	0.6780	0.98	
		根	0.3204	1.6618	0.99	0.1694	0.6584	0.96	
	柏木	干	0.0730	2.3160	0.99	0.0630	0.8150	0.99	5～60
		枝	0.0030	2.8960	0.99	0.0030	1.0150	0.99	
		叶	0.0750	1.4180	0.78	0.0740	0.4890	0.75	
		根	0.0240	2.4100	0.98	0.0220	0.8400	0.96	
	香樟	干	0.0250	2.7300	0.99	0.0190	0.9810	0.99	5～66
		枝	0.0020	3.0880	0.99	0.0020	1.1100	0.99	
		叶	0.0070	2.4470	0.98	0.0060	0.8780	0.99	
		根	0.0070	2.8190	0.99	0.0050	1.0130	0.99	
福建	杉木	干	0.0266	2.8008	0.99	0.0278	0.9541	0.99	5～66
		枝	0.0347	1.9187	0.99	0.0359	0.6527	0.98	
		叶	0.2218	1.0719	0.99	0.2308	0.3618	0.97	
		根	0.0165	2.4861	0.99	0.0171	0.8478	0.99	

续表

省(自治区、直辖市)	优势树种	器官	D 方程 $W=aD^b$			D^2H 方程 $W=a(D^2H)^b$			胸径范围/cm
			a	b	r^2	a	b	r^2	
福建	木荷	干	0.0803	2.4096	0.99	0.0489	0.8739	0.98	5~65
		枝	0.1857	1.6599	0.99	0.1308	0.6032	0.98	
		叶	0.0246	1.8790	0.99	0.0166	0.6824	0.98	
		根	0.0343	2.2451	0.99	0.0209	0.8191	0.99	
贵州	华山松	干	0.0089	3.0315	0.95	0.0131	1.0038	0.99	5~27
		枝	0.0037	3.3153	0.95	0.0055	1.0439	0.99	
		叶	0.0007	3.3995	0.95	0.0011	1.1257	0.92	
		根	0.0022	3.0347	0.95	0.0033	1.0148	0.96	
	云南松	干	0.0177	2.9620	0.96	0.0130	1.0250	0.96	5~45
		枝	0.0311	2.2494	0.96	0.0250	0.7780	0.96	
		叶	0.0522	1.6653	0.91	0.0450	0.5760	0.96	
		根	0.0107	2.6766	0.99	0.0086	0.9264	0.96	
	青冈栎	干	0.0721	2.5279	0.97	0.0414	0.9354	0.99	5~22
		枝	0.0320	2.3399	0.99	0.0231	0.8402	0.97	
		叶	0.0212	1.9609	0.97	0.0138	0.7256	0.99	
		根	0.0440	2.2466	0.94	0.0271	0.8303	0.97	
浙江	马尾松	干	0.2931	1.9700	0.88	0.0811	0.8497	0.98	5~74
		枝	0.0048	2.6300	0.82	0.0025	0.9814	0.98	
		叶	0.0670	1.4600	0.91	0.0274	0.6188	0.98	
		根	0.0532	1.9800	0.99	0.0395	0.7311	0.96	
	柳杉	干	0.2923	1.8469	0.96	0.1220	0.7668	0.96	6~41
		枝	0.0054	2.5421	0.96	0.0016	1.0555	0.96	
		叶	0.1839	1.5090	0.96	0.0901	0.6265	0.96	
		根	0.0969	1.9252	0.96	0.0390	0.7993	0.96	
	木荷	干	0.2567	1.9900	0.93	0.1674	0.7539	0.96	5~55
		枝	0.1043	1.7400	0.94	0.0719	0.6582	0.96	
		叶	0.0393	1.6500	0.94	0.0276	0.6223	0.96	
		根	0.0811	1.9300	0.99	0.0537	0.7280	0.96	
	青冈栎	干	0.2861	1.9800	0.92	0.1594	0.7646	0.96	5~48
		枝	0.2059	1.5600	0.59	0.0717	0.7296	0.99	

省(自治区、直辖市)	优势树种	器官	D 方程 $W=aD^b$			D^2H 方程 $W=a(D^2H)^b$			胸径范围/cm
			a	b	r^2	a	b	r^2	
浙江	青冈栎	叶	0.0340	1.6900	0.95	0.0131	0.7214	0.99	5~48
		根	0.1330	1.8600	0.699	0.0767	0.7192	0.96	
	石栎	干	0.1870	2.0310	0.95	0.0534	0.8873	0.99	5~44
		枝	0.0735	1.9800	0.98	0.0219	0.8644	0.99	
		叶	0.0230	1.9700	0.93	0.0093	0.8220	0.99	
		根	0.0750	2.0100	0.99	0.0376	0.8103	0.97	
	锐齿槲栎	干	0.0283	2.7720	0.99	0.0116	1.0424	0.99	5~64
		枝	0.0409	2.3479	0.99	0.0190	0.8838	0.99	
		叶	0.0093	2.4441	0.99	0.0042	0.9194	0.99	
		根	0.0183	2.5465	0.99	0.0081	0.9576	0.99	
	甜槠	干	0.0686	2.2830	0.98	0.0249	0.9447	0.99	5~64
		枝	0.0788	1.9990	0.98	0.0341	0.8208	0.99	
		叶	0.0182	2.1764	0.98	0.0070	0.9000	0.99	
		根	0.0436	2.1659	0.99	0.0222	0.8543	0.99	
	拟赤杨	干	1.2825	1.3725	0.99	0.8170	0.5233	0.99	5~13
		枝	0.3015	1.4613	0.99	0.1865	0.5571	0.99	
		叶	0.8596	0.8125	0.99	0.6580	0.3098	0.99	
		根	0.3907	1.2656	0.99	0.2587	0.4825	0.99	
广东	木荷	干	0.0359	2.6733	0.99	0.0207	0.9935	0.93	5~72
		枝	0.0730	1.9435	0.99	0.0503	0.7183	0.96	
		叶	0.0141	2.0587	0.99	0.0095	0.7609	0.96	
		根	0.0310	2.2582	0.99	0.0225	0.8178	0.93	
	枫香	干	0.0726	2.5980	0.99	0.0465	0.9579	0.96	5~64
		枝	0.0153	2.5437	0.99	0.0099	0.9377	0.95	
		叶	0.0010	3.0161	0.84	0.0006	1.1187	0.83	
		根	0.0256	2.6166	0.97	0.0164	0.9547	0.96	
	杉木	干	0.0556	2.3579	0.99	0.0474	0.8247	0.99	5~59
		枝	0.0198	2.1333	0.99	0.0176	0.7416	0.98	
		叶	0.0700	1.5090	0.98	0.0671	0.5189	0.94	
		根	0.3366	1.1952	0.98	0.3303	0.4088	0.85	

省（自治区、直辖市）	优势树种	器官	D 方程 W=aD^b			D²H 方程 W=a(D²H)^b			胸径范围/cm
			a	b	r^2	a	b	r^2	
海南	橡胶树	干	0.0278	2.8500	0.98	0.0240	0.9978	0.98	5~47
		枝	0.0200	2.4965	0.99	0.0206	0.8546	0.95	
		叶	0.0111	2.1682	0.99	0.0114	0.7422	0.95	
		根	0.1080	1.9480	0.98	0.1003	0.6860	0.96	
	桉树	干	0.0274	2.8288	0.92	0.0203	0.9659	0.99	5~20
		枝	0.1462	1.3124	0.87	0.1279	0.4474	0.94	
		叶	0.0041	2.4683	0.92	0.0031	0.8427	0.99	
		根	0.0242	2.1636	0.92	0.0194	0.7378	0.99	
云南	思茅松	干	0.0520	2.4450	0.98	0.0160	0.9790	0.98	5~56
		枝	0.0030	3.1520	0.96	0.0008	1.2850	0.99	
		叶	0.0010	2.7980	0.96	0.0003	1.1340	0.99	
		根	0.0010	3.1220	0.99	0.0005	1.2260	0.96	
	云南松	干	0.0580	2.4330	0.95	0.0090	1.0440	0.98	5~47
		枝	0.0030	2.8070	0.98	0.0008	1.1510	0.92	
		叶	0.0026	1.9860	0.95	0.0060	0.8530	0.98	
		根	0.0560	2.2140	0.92	0.0090	0.9710	0.99	
	热带雨林	干	0.0927	2.3586	0.99	0.0632	0.8520	0.98	5~127
		枝	0.0204	2.5960	0.98	0.0148	0.9210	0.98	
		叶	0.0410	1.5920	0.98	0.0300	0.5850	0.98	
		根	0.0310	2.3120	0.98	0.0190	0.8500	0.98	

表 5.2 为根据"森林课题"课题组野外采样调查的标准木数据直接拟合得到的各省（自治区、直辖市）主要优势树种生物量方程。

表 5.2　根据标准木拟合的各省主要优势树种生物量方程

省（自治区、直辖市）	优势树种	器官	D 方程 W=aD^b			D²H 方程 W=a(D²H)^b			胸径范围/cm 样本数/株
			a	b	r^2	a	b	r^2	
山西	油松	干	0.0262	2.5865	0.88	0.0186	0.9604	0.91	5~45 n=20
		枝	0.0304	2.1732	0.83	0.0240	0.7999	0.84	
		叶	0.0250	2.0901	0.87	0.0207	0.7640	0.86	
		根	0.0133	2.4925	0.82	0.0093	0.9298	0.85	

省（自治区、直辖市）	优势树种	器官	D 方程 $W=aD^b$			D^2H 方程 $W=a(D^2H)^b$			胸径范围/cm 样本数/株
			a	b	r^2	a	b	r^2	
山西	侧柏	干	0.5086	1.3656	0.63	0.3274	0.5677	0.64	5~25 n=20
		枝	0.0788	1.8002	0.49	0.0501	0.7237	0.47	
		叶	0.0294	2.0538	0.45	0.3274	0.5677	0.64	
		根	0.3184	1.3557	0.47	0.2295	0.5423	0.44	
	辽东栎	干	0.1371	2.0781	0.94	0.0707	0.8490	0.95	5~17 n=17
		枝	0.0726	2.0245	0.76	0.0327	0.8520	0.81	
		叶	0.0217	2.0589	0.80	0.0104	0.8545	0.83	
		根	0.1118	2.0185	0.94	0.0592	0.8233	0.95	
宁夏	油松	干	0.0554	2.4931	0.91	0.0161	1.0177	0.90	5~32 n=21
		枝	0.0054	3.0538	0.93	0.0012	1.2436	0.92	
		叶	0.0195	2.1660	0.89	0.0069	0.8807	0.88	
		根	0.0202	2.5268	0.96	0.0055	1.0370	0.96	
	白榆	干	3.2589	0.4647	0.70	2.6655	0.1996	0.72	5~32 n=21
		枝	4.9978	0.0774	0.02	5.0376	0.0276	0.01	
		叶	0.5664	0.7034	0.91	0.4220	0.3009	0.92	
		根	4.2741	0.3718	0.54	3.6421	0.1596	0.55	
	华北落叶松	干	0.3399	1.5621	0.96	0.2216	0.5979	0.93	4~26 n=21
		枝	0.4940	1.0390	0.94	0.3728	0.3973	0.92	
		叶	0.1530	1.0562	0.85	0.1129	0.4062	0.85	
		根	1.3251	0.8239	0.80	1.0113	0.3212	0.81	
	华山松	干	0.2938	1.8229	0.92	0.1039	0.7736	0.91	5~31 n=21
		枝	2.4085	0.9836	0.81	1.3344	0.4211	0.82	
		叶	0.1253	1.4343	0.92	0.0557	0.6079	0.91	
		根	0.4530	1.4446	0.82	0.1926	0.6171	0.83	
	小叶杨	干	1.0923	1.5344	0.75	0.4944	0.6370	0.78	5~32 n=20
		枝	1.9193	1.1225	0.58	1.0157	0.4732	0.62	
		叶	1.7316	0.6318	0.20	1.3368	0.2537	0.19	
		根	0.8560	1.2308	0.69	0.5060	0.4969	0.67	
上海	女贞	干	0.0671	2.2525	0.89	0.1833	0.6504	0.48	5~13 n=5
		枝	0.0447	2.2179	0.96	0.0972	0.6441	0.54	

省(自治区、直辖市)	优势树种	器官	D 方程 $W=aD^b$			D^2H 方程 $W=a(D^2H)^b$			胸径范围/cm 样本数/株
			a	b	r^2	a	b	r^2	
上海	女贞	叶	0.0915	1.6221	0.95	0.1495	0.5085	0.54	5～13 $n=5$
		根	0.1071	1.6211	0.92	0.1258	0.5647	0.68	
	香樟	干	0.1514	2.0104	0.85	0.0563	0.8410	0.84	8～16 $n=5$
		枝	0.0130	2.7875	0.97	0.0030	1.1807	0.98	
		叶	0.0014	3.2183	0.85	0.0002	1.3711	0.87	
		根	0.0375	2.3755	0.99	0.0113	0.9984	0.99	
	黄山栾树	干	0.0542	2.4947	0.88	0.0110	1.0866	0.98	6～14 $n=5$
		枝	0.0035	3.1747	0.89	0.0005	1.3656	0.87	
		叶	0.0002	3.5250	0.97	3×10^{-5}	1.5140	0.86	
		根	0.0471	2.3304	0.88	0.0103	1.0205	0.90	
	杜英	干	0.0632	2.2990	0.97	0.0085	1.0909	0.93	5～16 $n=5$
		枝	0.0064	2.8926	0.89	0.0005	1.3817	0.89	
		叶	0.0013	2.8681	0.94	9×10^{-5}	1.3770	0.96	
		根	0.0865	1.7492	0.97	0.0185	0.8328	0.96	
	广玉兰	干	0.0825	2.1663	0.81	0.0640	0.8131	0.96	5～11 $n=5$
		枝	0.0529	1.7864	0.89	0.0431	0.6697	0.90	
		叶	0.0360	2.2691	0.95	0.0254	0.8701	0.84	
		根	0.1047	1.8103	0.89	0.0885	0.6713	0.88	
广西	桉树	干	0.0702	2.5253	0.84	0.0545	0.8337	0.85	5～20 $n=15$
		枝	0.0452	1.7940	0.74	0.0460	0.5644	0.68	
		叶	0.7392	0.2565	0.02	0.8005	0.0697	0.02	
		根	0.0186	2.1767	0.53	0.0206	0.6730	0.48	
	八角	干	0.2431	1.9134	0.86	0.0736	0.8344	0.88	5～17 $n=15$
		枝	0.0084	2.8448	0.93	0.0018	1.2013	0.89	
		叶	0.0978	1.6342	0.73	0.0459	0.6724	0.66	
		根	0.0019	3.1410	0.73	0.0003	1.3304	0.71	
	白栎	干	0.0278	1.5818	0.89	0.0321	0.9562	0.97	8～35 $n=10$
		枝	0.0414	2.0170	0.52	0.0229	0.7569	0.54	
		叶	0.0614	2.5838	0.96	0.0219	0.5662	0.84	
		根	0.0004	3.2493	0.93	0.0002	1.1894	0.93	

省（自治区、直辖市）	优势树种	器官	D 方程 $W=aD^b$			D^2H 方程 $W=a(D^2H)^b$			胸径范围/cm 样本数/株
			a	b	r^2	a	b	r^2	
广西	枫香	干	0.4916	0.7189	0.34	0.0123	1.0610	0.94	6～24 n=11
		枝	0.0963	1.6431	0.72	0.0813	0.5836	0.71	
		叶	0.0177	2.9656	0.95	0.3890	0.2761	0.40	
		根	0.0319	1.7972	0.53	0.0330	0.6101	0.47	
	米锥	干	0.0194	2.2163	0.80	0.0241	1.0124	0.98	5～33 n=7
		枝	0.0842	2.0675	0.85	0.0339	0.8357	0.86	
		叶	0.0730	2.5029	0.97	0.0125	0.8258	0.69	
		根	0.0142	2.5906	0.94	0.0047	1.0419	0.95	
	青冈栎	干	0.0081	2.4911	0.93	0.2127	0.6953	0.77	5～16 n=11
		枝	0.0060	3.1930	0.81	0.0122	0.9636	0.67	
		叶	0.1596	2.2000	0.85	0.0114	0.7841	0.84	
		根	0.0242	2.2331	0.58	0.0382	0.6804	0.49	
	马尾松	干	0.1615	2.2989	0.88	0.1181	0.8187	0.88	5～32 n=16
		枝	0.0763	1.8402	0.88	0.0599	0.6542	0.88	
		叶	0.3248	0.9350	0.65	0.3032	0.3256	0.62	
		根	0.0267	2.1664	0.82	0.0210	0.7580	0.79	
江西	杉木	干	0.0163	2.9934	0.94	0.0199	1.0000	0.95	3～21 n=22
		枝	0.0350	1.9438	0.71	0.0467	0.6210	0.64	
		叶	0.3573	0.9766	0.64	0.3867	0.3246	0.64	
		根	0.0047	2.3527	0.81	0.0062	0.7636	0.77	
湖南	柏木	干	0.7863	1.6495	0.65	0.1471	0.7577	0.72	12～28 n=8
		枝	0.1914	1.6992	0.89	0.0428	0.7543	0.91	
		叶	0.0390	2.0838	0.81	0.0057	0.9346	0.85	
		根	1.3845	1.1425	0.81	0.5891	0.4898	0.78	
	檫木	干	0.0361	2.598	0.96	0.0325	0.9242	0.98	11～41 n=9
		枝	0.0261	2.2236	0.78	0.0192	0.8152	0.85	
		叶	0.0128	1.8296	0.56	0.0139	0.6340	0.55	
		根	0.0819	2.0898	0.82	0.0711	0.7497	0.85	
	栲	干	0.0617	2.4919	0.93	0.0334	0.9461	0.97	11～39 n=8
		枝	0.0206	2.4122	0.67	0.0081	0.9542	0.76	

省（自治区、直辖市）	优势树种	器官	D 方程 $W=aD^b$			D^2H 方程 $W=a(D^2H)^b$			胸径范围/cm 样本数/株
			a	b	r^2	a	b	r^2	
湖南	栲	叶	0.0167	2.0853	0.64	0.0082	0.8149	0.71	11～39 $n=8$
		根	0.0295	2.3669	0.92	0.0192	0.8808	0.93	
	马尾松	干	0.0345	2.6917	0.95	0.0249	0.9567	0.96	5～40 $n=25$
		枝	0.0719	1.9864	0.89	0.0618	0.6955	0.87	
		叶	0.1103	1.4658	0.85	0.1029	0.5083	0.81	
		根	0.0079	2.6849	0.92	0.0061	0.9465	0.90	
	木荷	干	0.0213	2.8347	0.95	0.0122	1.0692	0.96	10～40 $n=10$
		枝	0.0270	2.3431	0.79	0.0191	0.8705	0.77	
		叶	0.2010	1.2670	0.66	0.1876	0.4578	0.61	
		根	0.0671	2.2193	0.95	0.0481	0.8253	0.94	
	青冈栎	干	0.1314	2.2118	0.92	0.1258	0.8020	0.92	10～29 $n=8$
		枝	0.0513	2.2016	0.79	0.6106	0.4547	0.25	
		叶	0.0251	1.8056	0.60	0.0870	0.5059	0.29	
		根	0.1036	2.0491	0.95	0.1142	0.7268	0.90	
	石栎	干	0.0892	2.4531	0.87	0.0209	1.0250	0.88	12～42 $n=10$
		枝	0.4608	1.4938	0.87	0.3953	0.5294	0.46	
		叶	0.0992	1.4945	0.92	0.1013	0.4984	0.40	
		根	0.1689	1.9376	0.84	0.0638	0.7901	0.81	
	杨树	干	0.0975	2.2746	0.83	0.0381	0.8898	0.91	22～43 $n=10$
		枝	0.1656	1.6194	0.83	0.0259	0.7621	0.85	
		叶	0.0685	1.3251	0.71	0.0288	0.4602	0.94	
		根	0.3952	1.5116	0.82	0.0281	0.8095	0.76	
	香樟	干	0.1412	2.2024	0.83	0.0628	0.8634	0.91	10～30 $n=6$
		枝	0.0108	2.5552	0.81	0.0091	0.9095	0.73	
		叶	0.0208	1.9581	0.90	0.0686	0.5056	0.38	
		根	0.0002	4.2078	0.92	0.0001	1.4835	0.87	
四川	栎类	干	0.0630	2.5430	0.81	0.0540	0.9080	0.87	5～33 $n=25$
		枝	0.0050	2.8040	0.72	0.0040	1.0200	0.80	
		叶	0.0380	1.5160	0.47	0.0330	0.5470	0.51	
		根	0.0050	2.9860	0.85	0.0050	1.0490	0.88	

续表

省(自治区、直辖市)	优势树种	器官	D 方程 $W=aD^b$			D^2H 方程 $W=a(D^2H)^b$			胸径范围/cm 样本数/株
			a	b	r^2	a	b	r^2	
四川	马尾松	干	0.0460	2.5620	0.97	0.0360	0.9120	0.98	5～37 $n=66$
		枝	0.0160	2.3390	0.92	0.0150	0.8160	0.90	
		叶	0.0270	1.9130	0.87	0.0260	0.6600	0.82	
		根	0.0580	2.0420	0.67	0.0520	0.7130	0.65	
	桤木	干	0.0880	2.3520	0.95	0.0630	0.8330	0.98	5～26 $n=41$
		枝	0.0520	1.9830	0.86	0.0390	0.7010	0.88	
		叶	0.1310	1.1370	0.69	0.1090	0.4070	0.73	
		根	0.2210	0.9770	0.48	0.1950	0.3430	0.48	
	杉木	干	0.0880	2.2270	0.95	0.0750	0.7770	0.95	5～30 $n=61$
		枝	0.0820	1.6290	0.80	0.0720	0.5690	0.80	
		叶	0.1730	1.2740	0.60	0.1650	0.4380	0.58	
		根	0.0640	1.7940	0.75	0.0570	0.6230	0.74	
	四川红杉	干	0.0720	2.3020	0.97	0.0460	0.8470	0.98	5～44 $n=92$
		枝	0.0540	1.7550	0.76	0.0470	0.6180	0.70	
		叶	0.0390	1.5660	0.84	0.0310	0.5660	0.81	
		根	0.0200	2.2460	0.93	0.0140	0.8200	0.92	
	香樟	干	0.0320	2.7250	0.97	0.0260	0.9590	0.99	3～32 $n=22$
		枝	0.0160	2.4870	0.85	0.0160	0.8480	0.81	
		叶	0.0190	2.0650	0.87	0.0190	0.7050	0.83	
		根	0.0070	2.8600	0.94	0.0050	1.0150	0.97	
	杨树	干	0.1310	2.1900	0.95	0.2380	0.6870	0.96	7～34 $n=30$
		枝	0.0220	2.4470	0.87	0.0420	0.7710	0.89	
		叶	0.0830	1.4040	0.59	0.1310	0.4310	0.58	
		根	0.0630	2.0200	0.85	0.1150	0.6270	0.85	
	楠木	干	0.0450	2.6950	0.92	0.0280	0.9490	0.96	5～28 $n=56$
		枝	0.0200	2.3470	0.81	0.0200	0.7730	0.74	
		叶	0.0240	1.8850	0.71	0.0270	0.6090	0.62	
		根	0.1940	1.8620	0.80	0.1400	0.6550	0.84	
	木荷	干	0.0370	2.8310	0.97	0.0170	1.0330	0.98	7～30 $n=14$
		枝	0.0050	2.7920	0.95	0.0030	0.9980	0.92	

省(自治区、直辖市)	优势树种	器官	D 方程 W=aD^b			D²H 方程 W=a(D²H)^b			胸径范围/cm 样本数/株
			a	b	r²	a	b	r²	
四川	木荷	叶	0.0370	1.8380	0.91	0.0220	0.6700	0.92	7~30 n=14
		根	0.0070	2.8540	0.96	0.0030	1.0370	0.97	
	云南松	干	0.1210	2.0510	0.77	0.1410	0.6950	0.74	5~41 n=41
		枝	0.0290	2.1170	0.68	0.0340	0.7160	0.65	
		叶	0.0540	1.6560	0.72	0.0570	0.5700	0.72	
		根	0.0580	1.7480	0.64	0.0720	0.5810	0.59	
	云杉	干	0.0920	2.3490	0.92	0.0730	0.8460	0.91	5~78 n=308
		枝	0.0670	2.0570	0.76	0.0669	0.7160	0.70	
		叶	0.0420	1.9680	0.75	0.0420	0.6850	0.69	
		根	0.0410	2.2330	0.90	0.0340	0.7990	0.87	
广东	马尾松	干	2.0524	0.8121	0.54	2.2410	0.2742	0.45	6~15 n=10
		枝	0.0434	2.0787	0.38	0.0054	0.7028	0.32	
		叶	0.1139	1.4817	0.49	1.1860	0.1443	0.56	
		根	1.1379	0.6375	0.12	0.0784	0.5859	0.05	
	杉木	干	0.1024	2.1660	0.86	0.0141	0.9833	0.92	10~31 n=7
		枝	0.0350	1.9438	0.71	0.0467	0.6210	0.64	
		叶	0.0243	1.9860	0.61	0.0027	0.9500	0.73	
		根	0.1635	1.5031	0.56	0.0389	0.6897	0.62	
	木麻黄	干	0.1671	2.2929	0.90	0.0359	0.9509	0.95	8~21 n=14
		枝	0.1034	1.8367	0.77	0.0407	0.7246	0.74	
		叶	0.2810	1.1680	0.67	0.1940	0.4330	0.56	
		根	0.0325	2.3390	0.91	0.0089	0.9363	0.90	

5.1.2 分省(自治区、直辖市)混合种(组)生物量方程

表 5.3 为基于表 5.1 和表 5.2 中各省(自治区、直辖市)生物量方程数据,按照本书第 3 章方法拟合得到的相应各省(自治区、直辖市)尺度混合种(组)生物量方程。

表 5.3　各省（自治区、直辖市）尺度混合种（组）生物量方程

省（自治区、直辖市）	混合种（组）	器官	D 方程 $W=aD^b$			D^2H 方程 $W=a(D^2H)^b$			胸径范围/cm
			a	b	r^2	a	b	r^2	
吉林	针叶林	干	0.0425	2.5971	0.99	0.0256	0.9553	0.98	5～150
		枝	0.0177	2.0585	0.97	0.0119	0.7566	0.96	
		叶	0.0618	1.4771	0.90	0.0477	0.5390	0.87	
		根	0.0364	2.2529	0.92	0.0257	0.8145	0.88	
	阔叶林	干	0.2266	2.1699	0.97	0.1295	0.8076	0.95	5～108
		枝	0.0121	2.5685	0.99	0.0062	0.9587	0.97	
		叶	0.0229	1.9485	0.96	0.0139	0.7245	0.94	
		根	0.0781	2.0255	0.96	0.0359	0.7712	0.94	
	针阔叶混交林	干	0.1353	2.3001	0.95	0.0768	0.8563	0.94	5～150
		枝	0.0151	2.3411	0.96	0.0085	0.8707	0.94	
		叶	0.0328	1.7671	0.93	0.0219	0.6526	0.90	
		根	0.0428	2.2100	0.93	0.0276	0.8047	0.89	
辽宁	针叶林	干	0.0617	2.4331	0.99	0.0661	0.8308	0.96	5～32
		枝	0.0205	2.3525	0.79	0.0209	0.8105	0.78	
		叶	0.0147	2.1783	0.91	0.0172	0.7303	0.85	
		根	0.1036	1.6805	0.86	0.1301	0.5469	0.77	
	阔叶林	干	0.2045	2.2661	0.99	0.1250	0.8223	0.96	5～35
		枝	0.0067	3.0090	0.91	0.0033	1.0983	0.90	
		叶	0.0153	2.3057	0.86	0.0090	0.8425	0.85	
		根	0.3426	1.6164	0.90	0.2377	0.5888	0.88	
	针阔叶混交林	干	0.2053	2.1830	0.84	0.0875	0.8339	0.94	5～50
		枝	0.0241	2.4688	0.83	0.0098	0.9330	0.91	
		叶	0.0245	2.1648	0.83	0.0112	0.8169	0.91	
		根	0.2333	1.6791	0.81	0.1375	0.6218	0.86	
黑龙江	针叶林	干	0.0579	2.4541	0.97	0.0487	0.8537	0.93	5～108
		枝	0.0103	2.3647	0.82	0.0126	0.7754	0.69	
		叶	0.0065	2.4872	0.70	0.0087	0.8051	0.58	
		根	0.0041	2.7113	0.95	0.0037	0.9288	0.83	
	阔叶林	干	0.1623	2.2977	0.95	0.1591	0.7703	0.82	5～108
		枝	0.0148	2.4369	0.93	0.0146	0.8166	0.80	

续表

省（自治区、直辖市）	混合种（组）	器官	D 方程 $W=aD^b$			D^2H 方程 $W=a(D^2H)^b$			胸径范围/cm
			a	b	r^2	a	b	r^2	
黑龙江	阔叶林	叶	0.0194	1.8860	0.80	0.0215	0.6152	0.65	5～108
		根	0.0364	2.2986	0.98	0.0245	0.8078	0.88	
	针阔叶混交林	干	0.1542	2.1900	0.90	0.1322	0.7581	0.83	5～108
		枝	0.0185	2.2312	0.83	0.0194	0.7451	0.71	
		叶	0.0081	2.3418	0.74	0.0089	0.7743	0.63	
		根	0.0212	2.2348	0.77	0.0144	0.7972	0.70	
内蒙古	针叶林	干	0.0614	2.4343	0.96	0.0467	0.8824	0.93	5～134
		枝	0.0047	2.6724	0.96	0.0035	0.9687	0.93	
		叶	0.0073	2.1417	0.92	0.0057	0.7763	0.93	
		根	0.0411	2.2702	0.90	0.0318	0.8229	0.93	
	阔叶林	干	0.1007	2.2754	0.93	0.0535	0.8977	0.91	5～90
		枝	0.0124	2.4067	0.87	0.0064	0.9495	0.91	
		叶	0.0118	1.8617	0.60	0.0070	0.7347	0.95	
		根	0.0458	2.1379	0.91	0.0253	0.8435	0.91	
	针阔叶混交林	干	0.0870	2.3197	0.94	0.0539	0.8839	0.92	5～150
		枝	0.0092	2.4703	0.89	0.0055	0.9413	0.92	
		叶	0.0100	1.9844	0.70	0.0066	0.7562	0.92	
		根	0.0447	2.1560	0.91	0.0286	0.8215	0.92	
青海、西藏	针叶林	干	0.0428	2.7299	0.79	0.0373	0.9758	0.78	5～178
		枝	0.0082	3.0796	0.67	0.0082	1.0842	0.66	
		叶	0.0197	2.4249	0.64	0.0207	0.8481	0.61	
		根	0.0506	1.9861	0.54	0.0379	0.7321	0.54	
	阔叶林	干	0.0444	2.3811	0.98	0.0401	0.8514	0.93	5～70
		枝	0.0091	2.8084	0.95	0.0079	1.0070	0.90	
		叶	0.0084	2.4005	0.89	0.0075	0.8592	0.84	
		根	0.0197	2.4689	0.97	0.0176	0.8841	0.91	
	针阔叶混交林	干	0.0330	2.7797	0.81	0.0287	0.9953	0.80	5～178
		枝	0.0069	3.1117	0.71	0.0067	1.0999	0.69	
		叶	0.0128	2.5300	0.68	0.0130	0.8888	0.65	
		根	0.0385	2.0629	0.61	0.0299	0.7547	0.60	

省（自治区、直辖市）	混合种（组）	器官	D 方程 $W=aD^b$			D^2H 方程 $W=a(D^2H)^b$			胸径范围/cm
			a	b	r^2	a	b	r^2	
山西	针叶林	干	0.0527	2.4638	0.98	0.0354	0.9163	0.99	5～70
		枝	0.0217	2.2352	0.90	0.0141	0.8421	0.93	
		叶	0.0255	2.0502	0.93	0.0178	0.7669	0.96	
		根	0.0785	1.9313	0.98	0.0581	0.7169	0.99	
	阔叶林	干	0.1232	2.2044	0.92	0.0570	0.8642	0.95	5～50
		枝	0.0261	2.4484	0.85	0.0134	0.9332	0.85	
		叶	0.0125	2.2649	0.89	0.0023	0.2399	0.88	
		根	0.0310	2.6978	0.59	0.0128	1.0502	0.61	
	针阔叶混交林	干	0.1177	2.1100	0.90	0.0912	0.7703	0.88	5～65
		枝	0.0344	2.1200	0.81	0.0254	0.7810	0.81	
		叶	0.0240	1.9900	0.87	0.0198	0.7195	0.84	
		根	0.1037	1.8470	0.82	0.0829	0.6746	0.80	
陕西	针叶林	干	0.0556	2.4201	0.98	0.0480	0.8494	0.99	5～60
		枝	0.0446	1.9545	0.95	0.0412	0.6800	0.94	
		叶	0.0286	2.2210	0.97	0.0262	0.7727	0.96	
		根	0.0339	2.2200	0.98	0.0301	0.7767	0.99	
	阔叶林	干	0.1449	2.0845	0.96	0.0932	0.7743	0.93	5～70
		枝	0.0134	2.4995	0.74	0.0079	0.9285	0.93	
		叶	0.0106	2.2040	0.87	0.0066	0.8187	0.93	
		根	0.0513	2.1989	0.93	0.0322	0.8168	0.93	
	针阔叶混交林	干	0.0627	2.3707	0.97	0.0477	0.8526	0.98	5～70
		枝	0.0270	2.2680	0.91	0.0238	0.7953	0.87	
		叶	0.0221	2.1633	0.87	0.0193	0.7608	0.84	
		根	0.0352	2.2628	0.97	0.0293	0.8025	0.95	
山东	针叶林	干	0.3407	1.6784	0.77	0.3583	0.5881	0.70	5～30
		枝	0.0855	1.9456	0.69	0.0954	0.6742	0.62	
		叶	0.0974	1.7273	0.48	0.1157	0.5877	0.41	
		根	0.0781	2.0118	0.83	0.0849	0.7015	0.75	
	阔叶林	干	0.0482	2.5367	0.92	0.0292	0.9352	0.95	5～50
		枝	0.0109	2.6142	0.95	0.0027	1.1079	0.95	

续表

省（自治区、直辖市）	混合种（组）	器官	D 方程 $W=aD^b$			D^2H 方程 $W=a(D^2H)^b$			胸径范围/cm
			a	b	r^2	a	b	r^2	
山东	阔叶林	叶	0.0023	2.7744	0.95	0.0011	1.0461	0.95	5～50
		根	0.0656	2.0588	0.95	0.0397	0.7706	0.90	
	针阔叶混交林	干	0.7570	1.5956	0.73	1.2051	0.4777	0.59	5～50
		枝	0.0471	1.9909	0.41	0.1353	0.5464	0.25	
		叶	0.1098	1.4228	0.18	0.3833	0.3206	0.07	
		根	0.0680	1.9407	0.62	0.1452	0.5706	0.44	
北京	针叶林	干	0.1780	2.0170	0.91	0.0660	0.8260	0.90	5～30
		枝	0.0200	2.5230	0.83	0.0050	1.0450	0.84	
		叶	0.0490	2.0010	0.83	0.0180	0.8180	0.82	
		根	0.0110	2.5490	0.75	0.0020	1.0660	0.74	
	阔叶林	干	0.1030	2.2110	0.96	0.0750	0.8210	0.96	5～38
		枝	0.0150	2.5840	0.91	0.0110	0.9430	0.87	
		叶	0.0150	2.0930	0.80	0.0130	0.7520	0.75	
		根	0.0970	2.2730	0.49	0.1280	0.7590	0.39	
	针阔叶混交林	干	0.1230	2.1490	0.95	0.0770	0.8120	0.94	5～38
		枝	0.0160	2.5930	0.88	0.0090	0.9740	0.87	
		叶	0.0150	2.2830	0.72	0.0080	0.8710	0.73	
		根	0.1260	1.9420	0.37	0.1800	0.6290	0.27	
河北、天津	针叶林	干	0.1480	2.0215	0.96	0.1336	0.7162	0.91	5～80
		枝	0.0705	1.9611	0.76	0.0526	0.7225	0.78	
		叶	0.0726	1.8135	0.63	0.0528	0.6750	0.66	
		根	0.0065	2.9114	0.85	0.0049	1.0526	0.85	
	阔叶林	干	0.0852	2.3273	0.99	0.0515	0.8620	0.91	5～50
		枝	0.0072	2.7308	0.90	0.0034	1.0354	0.87	
		叶	0.0132	2.0190	0.90	0.0107	0.7150	0.76	
		根	0.0782	1.9179	0.93	0.0637	0.6799	0.79	
	针阔叶混交林	干	0.1333	2.0818	0.96	0.1095	0.7466	0.91	5～80
		枝	0.0381	2.1692	0.77	0.0280	0.7927	0.76	
		叶	0.0399	1.9381	0.57	0.0338	0.6924	0.53	
		根	0.0122	2.6645	0.84	0.0086	0.9711	0.82	

省（自治区、直辖市）	混合种（组）	器官	D 方程 $W=aD^b$			D^2H 方程 $W=a(D^2H)^b$			胸径范围/cm
			a	b	r^2	a	b	r^2	
河南	针叶林	干	0.0283	2.6268	0.95	0.0203	0.9273	0.96	5～80
		枝	0.0227	2.1989	0.84	0.0186	0.7672	0.83	
		叶	0.0741	1.5627	0.77	0.0627	0.5482	0.77	
		根	0.0294	2.2830	0.97	0.0221	0.8055	0.98	
	针阔叶混交林	干	0.0991	2.2757	0.92	0.0585	0.8287	0.93	5～95
		枝	0.0214	2.2363	0.90	0.0138	0.8041	0.89	
		叶	0.0291	1.8656	0.87	0.0203	0.6699	0.86	
		根	0.1708	1.7316	0.88	0.1120	0.6334	0.90	
宁夏、新疆	针叶林	干	0.1260	2.1230	0.93	0.1283	0.7534	0.91	5～128
		枝	0.0915	1.8968	0.64	0.0930	0.6732	0.91	
		叶	0.7645	1.6632	0.90	0.7753	0.5903	0.91	
		根	0.0986	1.8806	0.86	0.1002	0.6674	0.91	
	阔叶林	干	0.6441	1.4953	0.99	0.6039	0.5325	0.95	5～70
		枝	1.0675	1.1005	0.99	1.0160	0.3922	0.95	
		叶	0.7179	0.6963	0.99	0.6989	0.2475	0.96	
		根	0.8626	1.0875	0.98	0.8207	0.3878	0.95	
	针阔叶混交林	干	0.3040	1.6440	0.78	0.3051	0.6068	0.81	5～128
		枝	0.4159	1.3624	0.59	0.3654	0.5034	0.57	
		叶	0.2104	1.5470	0.71	0.1812	0.5720	0.68	
		根	0.2534	1.5442	0.85	0.2295	0.5637	0.80	
甘肃	针叶林	干	0.0500	2.4043	0.99	0.0427	0.8545	0.97	5～125
		枝	0.0154	2.5052	0.97	0.0128	0.8916	0.95	
		叶	0.0275	2.0100	0.87	0.0258	0.7037	0.83	
		根	0.0113	2.5901	0.98	0.0079	0.9385	0.96	
	阔叶林	干	0.0527	2.4912	0.99	0.0210	0.9642	0.97	5～80
		枝	0.0036	3.0278	0.89	0.0011	1.1909	0.90	
		叶	0.0060	2.1451	0.67	0.0022	0.8595	0.71	
		根	0.1142	1.8986	0.94	0.0530	0.7452	0.94	
	针阔叶混交林	干	0.0528	2.4011	0.99	0.0375	0.8731	0.97	5～125
		枝	0.0107	2.6348	0.94	0.0075	0.9557	0.92	

省（自治区、直辖市）	混合种（组）	器官	D 方程 $W=aD^b$			D^2H 方程 $W=a(D^2H)^b$			胸径范围/cm
			a	b	r^2	a	b	r^2	
甘肃	针阔叶混交林	叶	0.0162	2.1444	0.78	0.0134	0.7634	0.73	5～125
		根	0.0291	2.2801	0.92	0.0161	0.8601	0.93	
重庆	针叶林	干	0.0610	2.4760	0.99	0.0570	0.8450	0.95	5～35
		枝	0.0180	2.4460	0.98	0.0170	0.8350	0.95	
		叶	0.0070	2.3970	0.98	0.0070	0.8130	0.93	
		根	0.0080	2.6210	0.99	0.0080	0.8920	0.95	
	阔叶林	干	0.0731	2.5795	0.88	0.0414	0.9354	0.98	6～29
		枝	0.0320	2.3399	0.99	0.0481	0.7328	0.85	
		叶	0.0265	1.9052	0.75	0.0153	0.7071	0.87	
		根	0.0334	2.5276	0.92	0.0242	0.8871	0.99	
	针阔叶混交林	干	0.0210	2.8170	0.81	0.0190	0.9660	0.79	5～35
		枝	0.0050	2.8400	0.76	0.0040	0.9750	0.74	
		叶	0.0030	2.6030	0.87	0.0030	0.8860	0.85	
		根	0.0061	2.8077	0.99	0.0070	0.9357	0.93	
上海	阔叶林	干	0.0752	2.2630	0.98	0.0642	0.8160	0.93	5～30
		枝	0.0088	2.9250	0.99	0.0071	1.0547	0.93	
		叶	0.0001	3.2927	0.98	$9×10^{-5}$	1.1872	0.93	
		根	0.0229	2.5317	0.99	0.0192	0.9129	0.93	
	针阔叶混交林	干	0.0834	2.2540	0.99	0.0568	0.8262	0.95	5～99
		枝	0.0165	2.5231	0.99	0.0107	0.9254	0.95	
		叶	0.0144	2.2725	0.99	0.0097	0.8342	0.95	
		根	0.0473	2.1610	0.99	0.0327	0.7923	0.95	
江苏	针叶林	干	0.0850	2.2310	0.92	0.0760	0.7770	0.87	5～63
		枝	0.0320	2.0010	0.70	0.0410	0.6500	0.58	
		叶	0.2180	1.2930	0.40	0.2200	0.4400	0.36	
		根	0.0030	3.2390	0.57	0.0510	0.8170	0.91	
	阔叶林	干	0.4610	1.8490	0.83	1.0750	0.5210	0.60	5～56
		枝	0.3950	1.4840	0.87	0.7550	0.4224	0.69	
		叶	0.0920	1.7740	0.92	0.1380	0.5490	0.81	
		根	0.0880	1.8350	0.79	0.2200	0.5090	0.55	

省（自治区、直辖市）	混合种（组）	器官	D 方程 $W=aD^b$			D^2H 方程 $W=a(D^2H)^b$			胸径范围/cm
			a	b	r^2	a	b	r^2	
江苏	针阔叶混交林	干	0.0940	2.3000	0.84	0.1300	0.7390	0.75	5～63
		枝	0.0330	2.1770	0.66	0.0460	0.6930	0.58	
		叶	0.1010	1.6670	0.64	0.1160	0.5480	0.60	
		根	0.0630	2.0280	0.57	0.1150	0.6130	0.50	
四川	针叶林	干	0.5324	1.7381	0.90	0.2891	0.7030	0.96	5～76
		枝	0.0181	2.3560	0.97	0.0079	0.9530	0.96	
		叶	0.0473	1.8867	0.90	0.0244	0.7632	0.96	
		根	0.5838	1.4641	0.58	0.3491	0.5922	0.96	
	阔叶林	干	0.3780	1.9170	0.92	0.1600	0.7740	0.84	5～56
		枝	0.0520	2.3680	0.90	0.0190	0.9440	0.82	
		叶	0.0530	1.7390	0.96	0.0260	0.6890	0.93	
		根	0.0913	2.0273	0.99	0.0515	0.7910	0.94	
	针阔叶混交林	干	0.5157	1.7450	0.90	0.3330	0.6540	0.96	5～76
		枝	0.0764	2.0595	0.76	0.0450	0.7720	0.96	
		叶	0.0426	1.8967	0.91	0.0260	0.7110	0.96	
		根	0.6761	1.4439	0.59	0.4710	0.5410	0.96	
广西	针叶林	干	0.0750	2.2250	0.98	0.0660	0.7810	0.95	5～35
		枝	0.0160	2.1840	0.98	0.0140	0.7670	0.95	
		叶	0.0200	2.0200	0.96	0.0170	0.7110	0.94	
		根	0.0190	2.2360	0.96	0.0170	0.7870	0.94	
	阔叶林	干	0.0540	2.6060	0.94	0.0470	0.8850	0.92	5～130
		枝	0.0260	2.1660	0.75	0.0310	0.6960	0.65	
		叶	0.0340	1.6520	0.63	0.0380	0.5340	0.55	
		根	0.0100	2.4310	0.88	0.0090	0.8190	0.84	
	针阔叶混交林	干	0.0900	2.2570	0.90	0.0670	0.8030	0.91	5～130
		枝	0.0260	2.0820	0.84	0.0240	0.7130	0.80	
		叶	0.0200	1.9530	0.81	0.0200	0.6650	0.74	
		根	0.0130	2.3520	0.92	0.0110	0.8200	0.88	
安徽	针叶林	干	0.1040	2.2180	0.97	0.0180	1.0890	0.94	5～85
		枝	0.0250	2.2060	0.83	0.0130	0.8570	0.79	

续表

省（自治区、直辖市）	混合种（组）	器官	D 方程 $W=aD^b$			D^2H 方程 $W=a(D^2H)^b$			胸径范围/cm
			a	b	r^2	a	b	r^2	
安徽	针叶林	叶	0.0120	2.3580	0.90	0.0050	0.9290	0.88	5～85
		根	0.0400	2.0620	0.94	0.0210	0.8090	0.90	
	阔叶林	干	0.0820	2.3200	0.97	0.0450	0.8740	0.95	5～98
		枝	0.0370	2.2230	0.89	0.0200	0.8390	0.88	
		叶	0.0180	2.0550	0.85	0.0100	0.7800	0.84	
		根	0.0190	2.5620	0.92	0.0090	0.9740	0.90	
	针阔叶混交林	干	0.0970	2.2490	0.97	0.0490	0.8700	0.95	5～98
		枝	0.0260	2.2490	0.84	0.0130	0.8670	0.81	
		叶	0.0140	2.2420	0.87	0.0070	0.8600	0.84	
		根	0.0300	2.2370	0.89	0.0140	0.8740	0.89	
江西	针叶林	干	0.1760	2.1090	0.97	0.0830	0.7980	0.94	5～56
		枝	0.0030	2.8000	0.99	0.0010	1.0590	0.94	
		叶	0.0390	2.0330	0.95	0.0190	0.7690	0.94	
		根	0.0770	2.0390	0.93	0.0370	0.7710	0.94	
湖北	针叶林	干	0.1970	1.9290	0.97	0.1180	0.7320	0.96	5～66
		枝	0.0280	2.5210	0.94	0.0140	0.9630	0.94	
		叶	0.0850	1.8440	0.73	0.0450	0.7200	0.76	
		根	0.0580	2.1190	0.89	0.0310	0.8120	0.90	
	阔叶林	干	0.1120	2.3230	0.98	0.0460	0.8880	0.95	5～81
		枝	0.0270	2.4080	0.94	0.0110	0.9120	0.90	
		叶	0.0200	2.0470	0.71	0.0112	0.7571	0.64	
		根	0.0390	2.4130	0.96	0.0130	0.9400	0.93	
	针阔叶混交林	干	0.1220	2.2630	0.96	0.0520	0.8680	0.94	5～81
		枝	0.0270	2.4280	0.94	0.0120	0.9150	0.89	
		叶	0.0240	2.0290	0.67	0.0149	0.7427	0.60	
		根	0.0410	2.3610	0.93	0.0150	0.9170	0.92	
湖南	针叶林	干	0.0356	2.6824	0.99	0.0290	0.9750	0.95	5～34
		枝	0.0699	1.9937	0.99	0.0600	0.7240	0.95	
		叶	0.1338	1.4202	0.95	0.1210	0.5160	0.95	
		根	0.0102	2.6152	0.99	0.0080	0.9500	0.95	

省（自治区、直辖市）	混合种（组）	器官	D 方程 $W=aD^b$			D^2H 方程 $W=a(D^2H)^b$			胸径范围/cm
			a	b	r^2	a	b	r^2	
湖南	阔叶林	干	0.0670	2.4420	0.97	0.0450	0.8940	0.94	5～37
		枝	0.0290	2.3240	0.90	0.0190	0.8510	0.94	
		叶	0.0580	1.3700	0.95	0.0460	0.5010	0.94	
		根	0.0110	2.8220	0.82	0.0070	1.0330	0.94	
	针阔叶混交林	干	0.0660	2.4490	0.97	0.0270	0.9280	0.97	5～53
		枝	0.0300	2.3150	0.90	0.0130	0.8780	0.97	
		叶	0.0540	1.4560	0.77	0.0320	0.5520	0.97	
		根	0.0110	2.8010	0.82	0.0040	1.0620	0.97	
福建	针叶林	干	0.0210	2.8980	0.99	0.0240	0.9760	0.96	5～60
		枝	0.0140	2.3420	0.91	0.0160	0.7860	0.88	
		叶	0.0680	1.5770	0.80	0.0750	0.5290	0.77	
		根	0.0140	2.5170	0.99	0.0160	0.8480	0.97	
	阔叶林	干	0.1190	2.2970	0.97	0.0140	8.6730	0.95	5～75
		枝	0.1240	1.7600	0.93	0.1020	0.6110	0.86	
		叶	0.0250	1.9270	0.95	0.0190	0.6760	0.91	
		根	0.0570	2.1930	0.92	0.0410	0.7750	0.89	
	针阔叶混交林	干	0.0300	2.7740	0.98	0.0290	0.9500	0.96	5～75
		枝	0.0230	2.1990	0.86	0.0230	0.7550	0.85	
		叶	0.0550	1.6480	0.82	0.0590	0.5540	0.78	
		根	0.0200	2.4290	0.95	0.0190	0.8350	0.94	
贵州	针叶林	干	0.0307	2.7275	0.95	0.0340	0.9090	0.95	5～65
		枝	0.0021	3.0511	0.85	0.0020	1.0170	0.95	
		叶	0.0554	1.6871	0.82	0.0590	0.5620	0.95	
		根	0.0645	1.9145	0.84	0.0700	0.6380	0.95	
	针阔叶混交林	干	0.0789	2.4588	0.96	0.0610	0.8670	0.95	5～65
		枝	0.0004	3.5397	0.93	0.0009	1.2480	0.95	
		叶	0.0507	1.7014	0.85	0.0420	0.5990	0.95	
		根	0.0015	3.0508	0.83	0.0010	1.0750	0.95	
浙江	针叶林	干	0.0407	2.6178	0.98	0.0280	0.9600	0.97	5～73
		枝	0.0083	2.3895	0.95	0.0060	0.8760	0.97	

续表

省（自治区、直辖市）	混合种（组）	器官	D 方程 $W=aD^b$			D^2H 方程 $W=a(D^2H)^b$			胸径范围/cm
			a	b	r^2	a	b	r^2	
浙江	针叶林	叶	0.1517	1.5370	0.61	0.1230	0.5640	0.97	5～73
		根	0.0305	2.0630	0.69	0.0230	0.7570	0.97	
	阔叶林	干	0.2562	1.9908	0.94	0.1190	0.8700	0.96	5～66
		枝	0.1187	1.7757	0.81	0.0590	0.7760	0.96	
		叶	0.0161	2.0046	0.84	0.0070	0.8760	0.96	
		根	0.1525	1.8958	0.99	0.0847	0.7794	0.94	
	针阔叶混交林	干	0.0401	2.6307	0.98	0.0200	0.9970	0.98	5～73
		枝	0.0168	2.1726	0.89	0.0090	0.8230	0.98	
		叶	0.0482	1.8939	0.63	0.0300	0.7180	0.98	
		根	0.0734	1.8310	0.60	0.0460	0.6940	0.98	
广东	针叶林	干	0.0398	2.6348	0.90	0.0324	0.9317	0.90	5～94
		枝	0.0066	2.8165	0.83	0.0055	0.9895	0.82	
		叶	0.0403	1.8925	0.58	0.0385	0.6551	0.55	
		根	0.1360	1.7550	0.68	0.1292	0.6086	0.66	
	阔叶林	干	0.0763	2.5022	0.94	0.0319	0.9357	0.90	5～65
		枝	0.0189	2.4996	0.78	0.0111	0.8852	0.67	
		叶	0.0080	2.6528	0.80	0.0040	0.9589	0.72	
		根	0.0067	2.8327	0.98	0.0025	1.0584	0.94	
	针阔叶混交林	干	0.0542	2.5449	0.89	0.0325	0.9321	0.90	5～94
		枝	0.0097	2.6923	0.81	0.0062	0.9723	0.79	
		叶	0.0302	2.0212	0.62	0.0247	0.7110	0.58	
		根	0.0551	2.0671	0.73	0.0517	0.7069	0.64	

5.1.3 全国优势种（组）生物量方程

表 5.4 为基于表 5.1 和表 5.2 的生物量方程，按照本书第 3 章的方法拟合得到的全国优势种（组）生物量方程。

表 5.4　中国森林主要优势种（组）生物量方程

优势树种（组）	器官	D 方程 $W=aD^b$			D^2H 方程 $W=a(D^2H)^b$		
		a	b	r^2	a	b	r^2
云杉、冷杉	干	0.0562	2.4608	0.92	0.0408	0.9020	0.93
	枝	0.1298	1.8070	0.76	0.0953	0.6714	0.79
	叶	0.1436	1.6729	0.75	0.1049	0.6249	0.79
	根	0.0313	2.3049	0.86	0.0221	0.8509	0.87
桦木	干	0.1555	2.2273	0.99	0.1040	0.7926	0.92
	枝	0.0134	2.4932	0.99	0.0087	0.8855	0.91
	叶	0.0092	2.0967	0.99	0.0064	0.7453	0.91
	根	0.0242	2.4750	0.99	0.0155	0.8805	0.91
落叶松	干	0.0526	2.5257	0.99	0.0242	0.9445	0.95
	枝	0.0085	2.4815	0.99	0.0040	0.9272	0.95
	叶	0.0168	2.0026	0.99	0.0091	0.7482	0.95
	根	0.0219	2.2645	0.99	0.0110	0.8466	0.95
红松	干	0.1087	2.1527	0.99	0.0523	0.8512	0.99
	枝	0.0481	2.0877	0.99	0.0235	0.8267	0.99
	叶	0.0631	1.8343	0.99	0.0337	0.7261	0.99
	根	0.0305	2.3298	0.99	0.0138	0.9205	0.99
云南松	干	0.0900	3.4678	0.99	0.0690	1.2473	0.97
	枝	0.0310	3.3250	0.99	0.0242	1.1951	0.97
	叶	0.0298	2.3596	0.98	0.0215	0.8675	0.99
	根	0.4432	2.6927	0.99	0.3635	0.9675	0.97
华山松	干	0.0787	2.2823	0.99	0.0910	0.7683	0.93
	枝	0.0270	2.3664	0.99	0.0314	0.7965	0.93
	叶	0.0046	2.5540	0.99	0.0054	0.8599	0.93
	根	0.0224	2.2836	0.99	0.0258	0.7689	0.93
油松	干	0.1450	2.1567	0.99	0.1303	0.7624	0.97
	枝	0.0673	1.9781	0.99	0.0613	0.6986	0.96
	叶	0.0600	1.9329	0.99	0.0545	0.6832	0.97
	根	0.0503	2.0886	0.99	0.0453	0.7382	0.97
樟子松	干	0.0840	2.2337	0.99	0.0805	0.8063	0.94
	枝	0.0691	1.7370	0.99	0.0669	0.6268	0.94

续表

优势树种（组）	器官	D 方程 $W=aD^b$			D^2H 方程 $W=a(D^2H)^b$		
		a	b	r^2	a	b	r^2
樟子松	叶	0.0994	1.8157	0.99	0.0961	0.6553	0.94
	根	0.2645	1.4197	0.99	0.2385	0.5227	0.97
马尾松及其他松类	干	0.0292	2.8301	0.91	0.0237	1.0015	0.94
	枝	0.0021	3.2818	0.89	0.0016	1.1628	0.92
	叶	0.0021	2.8392	0.91	0.0017	1.0033	0.94
	根	0.0194	2.3497	0.77	0.0170	0.8259	0.78
柏木	干	0.0937	2.2225	0.99	0.0335	0.9422	0.96
	枝	0.0323	2.3338	0.99	0.0108	0.9916	0.96
	叶	0.0236	2.3106	0.99	0.0079	0.9824	0.96
	根	0.0570	2.1651	0.99	0.0205	0.9203	0.96
栎类	干	0.1030	2.2950	0.99	0.0560	0.9140	0.95
	枝	0.0160	2.6080	0.99	0.0080	1.0370	0.94
	叶	0.0110	2.2170	0.99	0.0060	0.8830	0.95
	根	0.1280	2.2010	0.99	0.0720	0.8760	0.94
其他硬阔类	干	0.0971	2.3253	0.99	0.0545	0.8630	0.89
	枝	0.0278	2.3540	0.99	0.0155	0.8737	0.89
	叶	0.0239	2.0051	0.99	0.0145	0.7444	0.89
	根	0.0529	2.2317	0.99	0.0307	0.8270	0.89
杉木及其他杉类	干	0.0543	2.4242	0.99	0.0422	0.8623	0.96
	枝	0.0255	2.0726	0.99	0.0206	0.7367	0.96
	叶	0.0773	1.5761	0.99	0.0664	0.5589	0.95
	根	0.0513	2.0338	0.99	0.0418	0.7222	0.96
桉树	干	0.0349	2.7913	0.99	0.0263	0.9419	0.97
	枝	0.0701	1.7318	0.89	0.0597	0.5820	0.87
	叶	0.0175	2.4165	0.82	0.0136	0.8158	0.81
	根	0.0186	2.3163	0.98	0.0146	0.7828	0.97
杨树	干	0.0800	2.3350	0.99	0.0340	0.9160	0.93
	枝	0.0210	2.3400	0.99	0.0090	0.9150	0.92
	叶	0.0120	2.0130	0.99	0.0060	0.7890	0.92
	根	0.0360	2.1920	0.99	0.0160	0.8580	0.92

续表

优势树种（组）	器官	D 方程 $W=aD^b$			D^2H 方程 $W=a(D^2H)^b$		
		a	b	r^2	a	b	r^2
其他软阔类	干	0.1286	2.2255	0.99	0.0699	0.8254	0.89
	枝	0.0445	1.9516	0.99	0.0267	0.7207	0.88
	叶	0.0197	1.6667	0.99	0.0125	0.6181	0.89
	根	0.0630	2.0316	0.99	0.0363	0.7529	0.89
木麻黄	干	0.1671	2.2929	0.90	0.0359	0.9509	0.95
	枝	0.1034	1.8367	0.77	0.0407	0.7246	0.74
	小枝	0.2809	1.1680	0.67	0.1939	0.4330	0.56
	根	0.0325	2.3390	0.91	0.0089	0.9363	0.89
铁杉、柳杉、油杉	干	0.1909	1.9859	0.99	0.1712	0.7304	0.91
	枝	0.0205	2.2230	0.99	0.0180	0.8074	0.91
	叶	0.0453	1.8432	0.99	0.0408	0.6691	0.91
	根	0.0223	2.3840	0.99	0.0193	0.8670	0.91
典型落叶阔叶林	干	0.2698	1.8545	0.65	0.1414	0.7144	0.64
	枝	0.0223	2.2299	0.84	0.0122	0.8375	0.80
	叶	0.0150	1.9895	0.77	0.0100	0.7247	0.68
	根	0.1364	1.7278	0.66	0.0805	0.6530	0.63
亚热带落叶阔叶林	干	0.0546	2.5027	0.96	0.0263	0.9695	0.98
	枝	0.0433	2.0727	0.94	0.0232	0.8055	0.97
	叶	0.0138	2.0650	0.94	0.0075	0.8015	0.96
	根	0.0653	2.0193	0.94	0.0381	0.7620	0.94
典型常绿阔叶林	干	0.0604	2.5242	0.95	0.0296	0.9559	0.96
	枝	0.0359	2.2091	0.91	0.0204	0.8276	0.91
	叶	0.0151	2.1064	0.85	0.0078	0.8071	0.88
	根	0.0117	2.6355	0.95	0.0053	0.9826	0.88
其他亚热带阔叶林	干	0.0895	2.4251	0.96	0.0461	0.8969	0.92
	枝	0.0205	2.5059	0.88	0.0134	0.8889	0.78
	叶	0.0215	2.0393	0.69	0.0106	0.7756	0.70
	根	0.0067	2.8774	0.97	0.0033	1.0419	0.89
针叶林	干	0.0670	2.4090	0.99	0.0290	0.9370	0.95
	枝	0.0220	2.2700	0.99	0.0100	0.8830	0.95

续表

优势树种（组）	器官	D 方程 $W=aD^b$			D^2H 方程 $W=a(D^2H)^b$		
		a	b	r^2	a	b	r^2
针叶林	叶	0.0250	2.1240	0.99	0.0120	0.8260	0.95
	根	0.0380	2.1650	0.99	0.0180	0.8420	0.95
阔叶林	干	0.1300	2.2010	0.99	0.0590	0.8630	0.93
	枝	0.0140	2.5020	0.99	0.0050	0.9810	0.93
	叶	0.0130	2.0630	0.99	0.0060	0.8090	0.93
	根	0.0570	2.1710	0.99	0.0260	0.8510	0.93
针阔叶混交林	干	0.0610	2.4590	0.99	0.0260	0.9490	0.96
	枝	0.0970	1.8460	0.98	0.0530	0.7090	0.94
	叶	0.1330	1.4550	0.99	0.0820	0.5610	0.96
	根	0.0960	1.9280	0.99	0.0510	0.7420	0.95

5.1.4 中国森林主要群系生物量方程

表 5.5 为基于表 5.1 和表 5.2 的生物量方程，按照本书第 3 章的方法拟合得到的群系尺度混合种（组）生物量方程。

表 5.5 中国森林主要群系生物量方程

群系	混合种（组）	器官	D 方程 $W=aD^b$			D^2H 方程 $W=a(D^2H)^b$			胸径范围/cm
			a	b	r^2	a	b	r^2	
寒温带针叶林	针叶林	干	0.0558	2.4744	0.99	0.0507	0.8522	0.92	<10
		枝	0.0132	2.3213	0.99	0.0121	0.8001	0.92	
		叶	0.0219	1.8837	0.99	0.0200	0.6516	0.92	
		根	0.0457	2.0506	0.99	0.0417	0.7080	0.92	
		干	0.0550	2.4816	0.99	0.3511	0.6051	0.71	10~20
		枝	0.0118	2.3774	0.99	0.0695	0.5797	0.71	
		叶	0.0132	2.1242	0.99	0.0647	0.5179	0.71	
		根	0.0341	2.1924	0.99	0.0220	0.8223	0.95	
		干	0.0542	2.4864	0.99	0.0184	0.9868	0.79	>20
		枝	0.0106	2.4123	0.99	0.0037	0.9571	0.79	
		叶	0.0096	2.2299	0.99	0.0037	0.8844	0.79	
		根	0.0267	2.3830	0.99	0.0119	0.9250	0.77	

群系	混合种（组）	器官	D 方程 $W=aD^b$			D^2H 方程 $W=a(D^2H)^b$			胸径范围/cm
			a	b	r^2	a	b	r^2	
寒温带针叶林	阔叶林	干	0.1632	2.2375	0.99	0.1151	0.7912	0.93	<10
		枝	0.0131	2.4727	0.99	0.0089	0.8745	0.93	
		叶	0.0180	1.9085	0.99	0.0134	0.6749	0.93	
		根	0.0534	2.1321	0.99	0.0382	0.7541	0.93	
		干	0.1612	2.2433	0.99	0.9511	0.5328	0.53	10～20
		枝	0.0129	2.4809	0.99	0.0917	0.5892	0.53	
		叶	0.0179	1.9107	0.99	0.0814	0.4538	0.53	
		根	0.0511	2.1530	0.99	0.2807	0.5113	0.53	
		干	0.1597	2.2465	0.99	0.4235	0.7167	0.66	>20
		枝	0.0127	2.4857	0.99	0.0373	0.7931	0.66	
		叶	0.0179	1.9119	0.99	0.0410	0.6100	0.66	
		根	0.0492	2.1655	0.99	0.1259	0.6910	0.66	
	针阔叶混交林	干	0.1255	2.2629	0.99	0.0967	0.7943	0.93	<10
		枝	0.0143	2.3303	0.99	0.0110	0.8158	0.93	
		叶	0.0168	1.9568	0.99	0.0135	0.6857	0.92	
		根	0.0247	2.1923	0.99	0.0194	0.7675	0.92	
		干	0.1241	2.2683	0.99	0.7014	0.5476	0.62	10～20
		枝	0.0138	2.3447	0.99	0.0829	0.5660	0.62	
		叶	0.0137	2.0541	0.99	0.0657	0.4958	0.63	
		根	0.0243	2.2004	0.99	0.1302	0.5312	0.63	
		干	0.1230	2.2712	0.99	0.1597	0.7831	0.68	>20
		枝	0.0135	2.3535	0.99	0.0177	0.8114	0.68	
		叶	0.0113	2.1164	0.99	0.0144	0.7298	0.68	
		根	0.0240	2.2039	0.99	0.0309	0.7598	0.68	
中西部温带林	针叶林	干	0.0862	2.2324	0.99	0.0974	0.7412	0.91	<10
		枝	0.0489	2.0893	0.99	0.0549	0.6934	0.91	
		叶	0.0393	1.6841	0.99	0.0431	0.5590	0.91	
		根	0.0495	2.0740	0.99	0.0555	0.6883	0.91	
		干	0.0826	2.2516	0.99	0.2714	0.6318	0.75	10～20
		枝	0.0405	2.1748	0.99	0.1276	0.6102	0.75	

群系	混合种（组）	器官	D 方程 $W=aD^b$			D^2H 方程 $W=a(D^2H)^b$			胸径范围/cm
			a	b	r^2	a	b	r^2	
中西部温带林	针叶林	叶	0.0386	1.6919	0.99	0.0944	0.4747	0.74	10~20
		根	0.0387	2.1844	0.99	0.1226	0.6130	0.74	
		干	0.0784	2.2690	0.99	0.1137	0.7629	0.88	>20
		枝	0.0317	2.2552	0.99	0.0460	0.7581	0.88	
		叶	0.0376	1.7011	0.99	0.0496	0.5720	0.88	
		根	0.0278	2.2936	0.99	0.0406	0.7709	0.88	
	阔叶林	干	0.9354	1.3400	0.99	0.8158	0.4667	0.87	<10
		枝	1.8416	0.7512	0.99	1.7037	0.2618	0.86	
		叶	1.7984	0.2125	0.97	1.7580	0.0742	0.85	
		根	0.5573	1.2786	0.99	0.4896	0.4451	0.87	
		干	0.3638	1.7657	0.99	1.2894	0.4496	0.59	10~20
		枝	0.4096	1.4088	0.99	1.1248	0.3587	0.59	
		叶	0.7249	0.6110	0.98	1.1257	0.1553	0.58	
		根	0.3799	1.4528	0.99	1.0757	0.3700	0.59	
		干	0.1185	2.1389	0.99	0.1987	0.7090	0.84	>20
		枝	0.0184	2.4398	0.99	0.0472	0.7699	0.82	
		叶	0.0735	1.3658	0.98	0.1049	0.4499	0.81	
		根	0.2424	1.6018	0.99	0.3555	0.5314	0.84	
	针阔叶混交林	干	0.0773	1.9480	0.99	0.0790	0.6561	0.89	<10
		枝	0.1749	1.5942	0.99	0.1778	0.5372	0.89	
		叶	0.1075	1.6503	0.99	0.1093	0.5563	0.90	
		根	0.1260	1.7514	0.99	0.1282	0.5903	0.90	
		干	0.0359	2.3061	0.99	0.1262	0.6419	0.73	10~20
		枝	0.0868	1.9058	0.99	0.2451	0.5306	0.73	
		叶	0.0941	1.7097	0.99	0.2389	0.4759	0.73	
		根	0.0963	1.8722	0.99	0.2669	0.5211	0.73	
		干	0.0290	2.3779	0.99	0.0442	0.7972	0.88	>20
		枝	0.0317	2.2384	0.99	0.0474	0.7495	0.87	
		叶	0.0762	1.7787	0.99	0.1045	0.5961	0.88	
		根	0.0676	1.9887	0.99	0.0962	0.6664	0.88	

群系	混合种（组）	器官	D 方程 $W=aD^b$			D^2H 方程 $W=a(D^2H)^b$			胸径范围/cm
			a	b	r^2	a	b	r^2	
暖温带落叶阔叶林	针叶林	干	0.2194	1.8521	0.98	0.2815	0.5747	0.67	<10
		枝	0.0439	2.1354	0.85	0.0686	0.6353	0.54	
		叶	0.0326	2.1561	0.89	0.0458	0.6604	0.59	
		根	0.1045	1.7983	0.76	0.1729	0.5131	0.44	
		干	0.1383	2.0429	0.87	1.2393	0.4279	0.46	10～20
		枝	0.0758	1.9199	0.56	0.2621	0.5137	0.48	
		叶	0.0712	1.8551	0.39	0.2582	0.4841	0.32	
		根	0.1217	1.7143	0.90	0.5703	0.3992	0.59	
		干	0.1023	2.1755	0.81	1.1861	0.5115	0.39	>20
		枝	0.0237	2.2450	0.54	0.1882	0.5796	0.30	
		叶	0.0223	2.1433	0.26	0.2880	0.4881	0.11	
		根	0.0506	2.0213	0.69	0.7566	0.4278	0.27	
	阔叶林	干	0.1136	2.1539	0.99	0.1507	0.6680	0.82	<10
		枝	0.0136	2.5376	0.99	0.0190	0.7870	0.82	
		叶	0.0158	2.0647	0.99	0.0207	0.6404	0.82	
		根	0.0623	2.0858	0.99	0.0819	0.6469	0.82	
		干	0.1028	2.1988	0.99	0.2683	0.6320	0.75	10～20
		枝	0.0130	2.5569	0.99	0.0398	0.7349	0.75	
		叶	0.0156	2.0696	0.99	0.0384	0.5948	0.75	
		根	0.0587	2.1125	0.99	0.1475	0.6072	0.75	
		干	0.0953	2.2246	0.99	0.2089	0.7030	0.70	>20
		枝	0.0125	2.5699	0.99	0.0311	0.8121	0.70	
		叶	0.0154	2.0736	0.99	0.0320	0.6553	0.70	
		根	0.0550	2.1346	0.99	0.1168	0.6745	0.70	
	针阔叶混交林	干	0.1062	2.1879	0.99	0.1199	0.7141	0.92	<10
		枝	0.0268	2.2708	0.99	0.0304	0.7412	0.92	
		叶	0.0255	2.0391	0.99	0.0286	0.6656	0.92	
		根	0.0849	1.9635	0.99	0.0947	0.6408	0.92	
		干	0.1032	2.2010	0.99	0.3002	0.6207	0.75	10～20
		枝	0.0248	2.3064	0.99	0.0759	0.6504	0.75	

群系	混合种（组）	器官	D 方程 $W=aD^b$			D^2H 方程 $W=a(D^2H)^b$			胸径范围/cm
			a	b	r^2	a	b	r^2	
暖温带落叶阔叶林	针阔叶混交林	叶	0.0241	2.0657	0.99	0.0657	0.5825	0.75	10～20
		根	0.0681	2.0638	0.99	0.1855	0.5820	0.75	
		干	0.1007	2.2093	0.99	0.3475	0.6454	0.77	>20
		枝	0.0230	2.3313	0.99	0.0851	0.6810	0.77	
		叶	0.0230	2.0822	0.99	0.0738	0.6082	0.77	
		根	0.0534	2.1452	0.99	0.1780	0.6266	0.77	
亚热带常绿阔叶林	针叶林	干	0.1100	2.1680	0.99	0.1050	0.7430	0.90	<5
		枝	0.0190	2.2930	0.99	0.0180	0.7860	0.90	
		叶	0.0700	1.6640	0.99	0.0670	0.5700	0.90	
		根	0.0820	1.8260	0.99	0.0780	0.6260	0.90	
		干	0.0900	2.2930	0.99	0.2140	0.6380	0.78	5～10
		枝	0.0170	2.3660	0.99	0.0420	0.6580	0.78	
		叶	0.0610	1.7480	0.99	0.1190	0.4860	0.78	
		根	0.0630	1.9900	0.99	0.1330	0.5540	0.78	
		干	0.0740	2.3780	0.99	0.2180	0.6780	0.79	10～20
		枝	0.0150	2.4230	0.99	0.0450	0.6910	0.79	
		叶	0.0530	1.8120	0.99	0.1210	0.5170	0.79	
		根	0.0440	2.1470	0.99	0.1160	0.6120	0.79	
		干	0.0540	2.4840	0.99	0.1222	0.7947	0.72	>20
		枝	0.0110	2.5060	0.99	0.0337	0.8114	0.71	
		叶	0.0400	1.9020	0.99	0.0190	0.7238	0.71	
		根	0.0190	2.4200	0.99	0.0322	0.8322	0.72	
	阔叶林	干	0.1429	2.1697	0.99	0.1239	0.7367	0.92	<10
		枝	0.0645	2.0150	0.99	0.0564	0.6844	0.92	
		叶	0.0271	1.8915	0.99	0.0239	0.6423	0.92	
		根	0.0289	2.3624	0.99	0.0248	0.8021	0.92	
		干	0.1124	2.2791	0.99	0.4537	0.5909	0.68	10～20
		枝	0.0380	2.2580	0.99	0.1513	0.5854	0.68	
		叶	0.0194	2.0431	0.99	0.0678	0.5297	0.68	
		根	0.0231	2.4673	0.99	0.1045	0.6397	0.68	

群系	混合种（组）	器官	D 方程 $W=aD^b$			D^2H 方程 $W=a(D^2H)^b$			胸径范围/cm
			a	b	r^2	a	b	r^2	
亚热带常绿阔叶林	阔叶林	干	0.0741	2.4162	0.99	0.1222	0.7947	0.72	>20
		枝	0.0202	2.4674	0.99	0.0337	0.8114	0.71	
		叶	0.0120	2.2008	0.99	0.0190	0.7238	0.71	
		根	0.0191	2.5296	0.99	0.0322	0.8322	0.72	
	针阔叶混交林	干	0.1050	2.2260	0.99	0.0910	0.7650	0.89	<5
		枝	0.0240	2.2560	0.99	0.0210	0.7750	0.89	
		叶	0.0390	1.8140	0.99	0.0350	0.6240	0.89	
		根	0.0920	1.8050	0.99	0.0820	0.6210	0.89	
		干	0.0890	2.3330	0.99	0.2770	0.5960	0.69	5～10
		枝	0.0220	2.3170	0.99	0.0680	0.5910	0.69	
		叶	0.0360	1.8650	0.99	0.0900	0.4760	0.69	
		根	0.0680	1.9950	0.99	0.1800	0.5090	0.69	
		干	0.0770	2.3970	0.99	0.2650	0.6610	0.74	10～20
		枝	0.0180	2.3850	0.99	0.0640	0.6580	0.74	
		叶	0.0330	1.9070	0.99	0.0880	0.5260	0.74	
		根	0.0480	2.1440	0.99	0.1460	0.5910	0.74	
		干	0.0620	2.4660	0.99	0.0660	0.8620	0.72	>20
		枝	0.0120	2.5310	0.99	0.0120	0.8850	0.72	
		叶	0.0270	1.9710	0.99	0.0280	0.6890	0.72	
		根	0.0280	2.3260	0.99	0.0290	0.8130	0.72	
	常绿阔叶林	干	0.0500	2.5669	0.88	0.0270	0.9542	0.91	<5
		枝	0.0453	2.0341	0.83	0.0273	0.7609	0.87	
		叶	0.0138	2.1576	0.80	0.0080	0.8098	0.84	
		根	0.0529	1.5822	0.48	0.0518	0.4942	0.49	
		干	0.0513	2.6294	0.72	0.0544	0.8558	0.78	5～10
		枝	0.0449	2.0737	0.55	0.0710	0.6064	0.48	
		叶	0.0151	2.1107	0.49	0.0097	0.7683	0.68	
		根	0.0098	2.7054	0.79	0.0287	0.6989	0.53	
		干	0.1138	2.2976	0.69	0.0717	0.8443	0.83	10～20
		枝	0.0131	2.6084	0.58	0.0187	0.8426	0.54	

续表

群系	混合种（组）	器官	D 方程 W=aD^b			D^2H 方程 W=a(D^2H)^b			胸径范围/cm
			a	b	r^2	a	b	r^2	
亚热带常绿阔叶林	常绿阔叶林	叶	0.0117	2.2131	0.35	0.0056	0.8509	0.45	10~20
		根	0.0061	2.9157	0.86	0.0171	0.8423	0.54	
		干	0.7007	1.7172	0.73	0.2820	0.7075	0.72	>20
		枝	0.0437	2.3004	0.84	0.0009	0.9646	0.94	
		叶	0.0596	1.6574	0.57	0.0343	0.6397	0.60	
		根	0.0795	2.0573	0.77	0.0339	0.8103	0.67	
青藏高原高寒林	针叶林	干	0.0765	2.3204	0.43	0.1367	0.7106	0.37	<10
		枝	0.0220	2.4750	0.56	0.0206	0.8745	0.41	
		叶	0.0173	2.3813	0.58	0.0209	0.7966	0.38	
		根	0.0159	2.4360	0.70	0.0098	0.9310	0.54	
		干	0.0499	2.5391	0.31	0.1597	0.7355	0.29	10~20
		枝	0.0036	3.3407	0.21	0.0212	0.9324	0.20	
		叶	0.0281	2.2601	0.14	0.1080	0.6111	0.13	
		根	0.0420	2.0300	0.12	0.1180	0.5680	0.10	
		干	0.0471	2.6546	0.44	0.0432	0.9475	0.40	>20
		枝	0.0007	3.7590	0.39	0.0009	1.3018	0.35	
		叶	0.0231	2.3850	0.27	0.0357	0.8006	0.23	
		根	0.0020	2.7910	0.37	0.0010	1.0270	0.35	
热带雨林、季雨林	热带林	干	0.0501	2.6757	0.95	0.0342	0.9425	0.99	<5
		枝	0.0120	2.6257	0.94	0.0080	0.9318	0.99	
		叶	0.0158	1.8816	0.94	0.0119	0.6666	0.99	
		根	0.0163	2.6352	0.97	0.0122	0.9083	0.97	
		干	0.0839	2.4208	0.95	0.0450	0.9142	0.99	5~20
		枝	0.0145	2.5554	0.95	0.0075	0.9635	0.99	
		叶	0.0208	1.8544	0.95	0.0133	0.6946	0.99	
		根	0.0201	2.4925	0.96	0.0115	0.9273	0.98	
		干	0.1117	2.3417	0.93	0.0332	0.9572	0.98	>20
		枝	0.0357	2.2789	0.91	0.0096	0.9453	0.99	
		叶	0.0343	1.6840	0.91	0.0129	0.6999	0.99	
		根	0.0187	2.5325	0.95	0.0058	1.0199	0.97	

5.2　生物量方程评价

5.2.1　生物量方程 $W=aD^b$ 中的系数 b

Huxley（1924，1932）提出了关于有机体异速生长关系的数学表述 $W=aD^b$，直到现在，该模型仍在生物量研究中普遍应用，式中，W 为地上部分生物量，a 为积分因子，b 为转换因子（Parresol，1999；Pretzsch，2001）。转换因子 b 描述林木相对整体生长的比例，即 $\frac{\mathrm{d}W}{M}=b\times\frac{\mathrm{d}D}{D}$，换句话说，$b$ 是定义林木胸径相对整体生长的比例，并与不同林木生长形数有关。

本研究中中国森林生态系统主要优势树种分器官（干、枝、叶、根）生物量方程 $W=aD^b$ 中参数 b 分别为 2.32、2.32、2.04、2.20；West 等（1999）基于林木分支网络和林木结构的生物力学原理，在多种假设（将林木视为多级分支网络、各级分支的面积和体积守恒、最终的分支单元大小不变等）的基础上提出了符合相对生长规律的通用模型（简称 WBE 模型），并通过非常复杂的推导过程得到林木直径 $D\propto W^{3/8}$，即认为地上生物量模型 $W=aD^b$ 中的参数 $b=8/3$（≈2.67）。Zianis 和 Mencuccini（2004）对包括 WBE 模型在内的 3 种简化生物量估计方法进行比较，得到参数平均值为 2.37。

Zianis 和 Mencuccini（2004）汇集了全球 279 项研究结果计算得到的平均 b 值等于 2.3679，标准差为 0.27，标准误为 0.0163，大约 69% 的 b 值为 2.18～2.54，13% 为 2.68～2.80；其平均值与 WBE 模型的理论值 2.67 存在显著差异，但与曾伟生等（2011）提出的理论值 2.33 非常接近（表 5.6）。利用 Ter-Mikaelian 和 Korzukhin（1997）收集的北美 65 个树种 146 个地上生物量方程的 b 值进行计算，算术平均值为 2.33，中位数为 2.35；利用 Zianis（2005）收集的欧洲 39 个树种 61 个地上生物量方程的 b 值进行计算，算术平均值为 2.30，中位数为 2.33；利用 Fournier 等（2003）发表的加拿大 24 个树种的地上生物量方程的 b 值进行计算，平均值为 2.33；利用 Chojnacky（2002）建立的美国 10 个树种（组）的通用性地上生物量方程的 b 值进行计算，平均值为 2.33；利用 Muukkonen（2007）建立的欧洲 7 个树种的通用性地上生物量方程的 b 值进行计算，平均值为 2.27；利用 Návar（2009）建立的墨西哥 7 个松类树种（组）（$n=721$）的地上生物量方程的 b 值进行计算，平均值为 2.29（因为株数相差太大，从 27 到 384 不等，如按株数加权平均值为 2.33）；利用陈传国和朱俊凤（1989）建立的中国东北 10 个树种（组）的地上生物量方程的 b 值进行计算，平均值为 2.33。

表 5.6 各类地上一元生物量模型的 b 值结果对比

序号	地域	数据组	平均 b 值	b 值范围	资料来源
1	北美	146	2.33	1.35～2.87	Ter-Mikaelian 和 Korzukhin（1997）
2	美国	10	2.33	1.70～2.48	Chojnacky（2002）
3	加拿大	24	2.33	2.13～2.63	Fournier 等（2003）
4	全球	279	2.37	1.16～3.32	Zianis 和 Mencuccini（2004）
5	欧洲	61	2.30	1.83～2.81	Zianis（2005）
6	欧洲	7	2.27	2.12～2.41	Muukkonen（2007）
7	墨西哥	7	2.33*	2.16	Návar（2009）
8	中国	10	2.33	1.66～2.79	陈传国和朱俊凤（1989）

注：*墨西哥的数据因为株数相差太大，故按株数取加权平均；数据来源：曾伟生等（2011）

我国森林生态系统生物量的分布很不均衡，不同省（自治区、直辖市）之间的森林生物量差距较大，除了所处的地理、气候环境等因素外，还与当地的人类活动有很大的关系。

用本研究构建的生物量模型进行生物量预测，与赵明伟等（2013）依据全国森林资源清查数据估算的结果相吻合，表明我国森林生物量存在明显的空间分布规律，与水热条件的空间分布格局基本一致，表现为西南、东北及东南沿海地区的生物量较高。

5.2.2 本研究中生物量方程 $M=aD^b$ 中系数 a 随 b 的变化

本研究拟合的所有 $W=aD^b$ 形式的分器官生物量方程中系数 a 随 b 的增加而降低，二者呈现显著的负指数相关关系（$P<0.05$），干、枝、叶、根分器官生物量方程中系数 a 的算术平均值分别为 0.13、0.07、0.069、0.098；系数 b 的算术平均值分别为 2.3、2.3、2.0、2.2（图 5.1），与表 5.6 中的 b 值非常接近，但本研究的一元生物量方程是包含了地上和地下部分生物量的。由图 5.1 可以看出，干、枝、叶、根生物量方程中系数 a 与 b 呈负指数相关关系，r^2 变化范围在 0.5231～0.7472。

5.2.3 生物量方程适用范围评价

本研究所有的生物量方程均界定了胸径的适用范围，对不同尺度生物量方程的适用范围做了如下界定。

各省（自治区、直辖市）优势树种（组）生物量方程（表 5.1 和表 5.2）仅仅适用于省（自治区、直辖市）及林分尺度上相应径级范围内优势树种生物量的估算，如广东省杉木标准木方程仅仅适合胸径为 9.80～30.60 cm 的广东省内杉木林的生物量估算，超出该胸径范围或者区域尺度使用该方程可能导致估算结果出现较大的偏差。

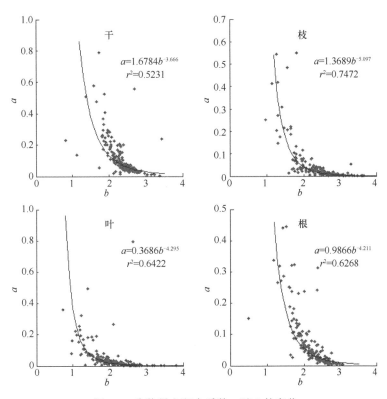

图 5.1 生物量方程中系数 a 随 b 的变化

分省（自治区、直辖市）分树种生物量方程对单优群落，尤其是对人工起源林的生物量估算精度较高，但如果群落中其他物种也占绝对优势，尤其是对于天然林或次生林而言，很难区分优势树种，不能简单地用优势树种方程来进行生物量估算，按某一树种或者按某几个树种生物量方程来进行估算都是不准确的，这样就不分树种（混合树种）进行计算，故本研究构建了分省（自治区、直辖市）混合种（组）生物量方程。很多森林是具有很强的地域性的，因此，每个省（自治区、直辖市）拟合了一套混合种（组）生物量方程，即分省（自治区、直辖市）混合种（组）生物量方程。

分省（自治区、直辖市）混合种（组）生物量方程（表 5.3）主要适用于优势种（组）不明显的林分的生物量估算，当很难区分是否有优势树种时，则将该树种归为针叶林或阔叶林，并用相应的种（组）方程来估算生物量，当野外调查时难以确认物种信息或者记录失误导致无法归类时，也可以采用针阔叶混合种（组）生物量方程来估算生物量。该组方程也可以用于由不同树种组成的混合林样地生物量的直接估算。

群落特征对生物量影响非常大，即便是同一群落，但径级不同，用生物量模型（方程）预测生物量时差异是很大的，群落从幼龄林到成熟林的不同发展阶段，其生物量的分器官分配比例及林分密度的差异也是非常大的，故本研究构建了群系分径级生物量方程。

全国优势种（组）生物量方程（表5.4）主要适用于全国尺度上森林生态系统优势树种生物量的估算，主要针对全国尺度森林生物量、碳储量进行估算，为了使估算结果具有时空意义上的可比性，需要用统一的标准和方法来标准化生物量估算方法，故本研究构建了全国尺度优势种（组）生物量方程。

中国森林主要群系生物量方程（表5.5）主要适用于群系尺度上优势树种生物量的估算，主要针对气候条件和地理位置相似的优势种。在植被-气候相互作用过程中，可形成结构复杂、动态变化多样的生态系统，会出现个体生长规律的差异。与此同时，当使用小径级生物量方程估算大径级个体生物量时，模拟值严重偏离真实值，故本书构建了针对群系不同种（组）的分径级生物量方程。

5.2.4　生物量方程估算精度评价

从残差分布图（图5.2和图5.3）来看，各径阶的残差和相对残差近似随机，其相对误差均能控制在3%以内，这表明模型拟合效果良好。

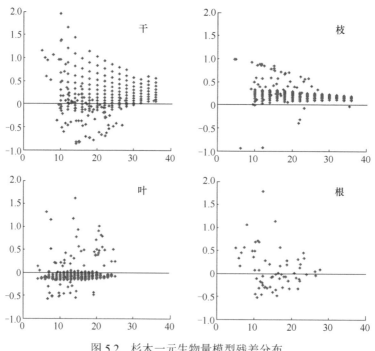

图5.2　杉木一元生物量模型残差分布

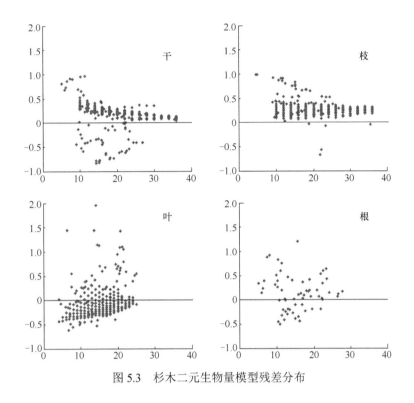

图 5.3　杉木二元生物量模型残差分布

5.3　生物量方程的不确定性

5.3.1　运用生物量方程估算生物量的不确定性

在生物量实际估算中，首先，对于单株乔木，是不可能进行随个体生长的准确生物量估算的，因为不可能在不妨碍乔木正常生长的情况下重复观测其分器官生物量。从横断截面获得的数据往往只是代表某一点某一时刻的数据，这样的数据可能也仅仅代表单株乔木平均生长状况（Gille et al.，2001；Gadow，2003）。其次，乔木样本的选择也有一定目的性，为使数据有一定代表性，会尽量选择不同径级范围的标准木来拟合生物量方程，但不同环境条件下的树高-胸径关系的差异造成生物量估算的变异性很大，这样会导致回归分析中有差异指数丢失。

Zhou 和 Hemstrom（2009）研究发现，用 Jenkins 等（2003）的方程来估算美国森林生物量时预测值要比实际值高 17%，这说明用地方的蓄积生物量模型来预测区域生物量时准确性还存在很大不确定性。另外，已有研究结果证实成熟林树木的生长会显著减慢（Ryan and Waring，1992），而本研究在建立生物量模型时没有考虑不同林龄对生物量的影响。实际上，通过生物量异速生长模型估算生物量误差可能超过 10%，有时甚至达到 135%（Pilli et al.，2006）。基于美国森林资源清查资料（FIA）估算的生物量要比 Jenkins 等（2003）和 David 等（2014）的估算结果偏低 20%，针叶树和硬阔树生物量估算的差异变化范围为 15%～80%（David et al.，2014）。大量研究结果表明，大径级的立木生物量用生物量方程来预测偏差较大，但本次野外调查的实测数据表明，我国的森林大部分都处于中龄林和幼龄林阶段（图 5.4），个体大多数位于径级 10～20 cm 内，故本研究将胸径 20 cm 以上个体作为一个径级拟合的生物量方程，用于对极个别的大径级树种进行生物量估算时可能不准确，尚需要有更多的大径级立木生物量数据来验证生物量模型，从而提高模型的预测精度。对文献方程赋值所用的数据全部来源野外监测，这也是本研究生物量模型对胸径在 20cm 以下个体生物量预测时相对准确的一个非常重要的原因。

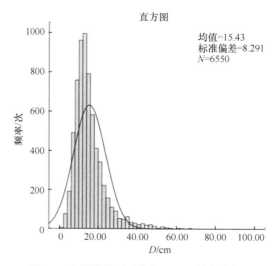

图 5.4　主要优势树种胸径（D）频率分布图

5.3.2　我国森林主要树种生物量

1. 乔木层生物量

"森林课题"课题组根据我国气候带和植被类型的空间分布特征，把我国的森林分为六大片区，按各片区的面积和森林类型及其演替序列，共布设了具有代表性的 2600 个采样点，采取统一的标准和方法对我国森林生态系统生物量分片进行调查。样点需覆盖省（自治区、直辖市）内的主要森林类型及各主要类型的幼龄林、中龄林、近熟林、成熟林和过熟林。每个复查和调查样点均设置 3 个重复样地，样地间距至少为 100 m。这样我们在全国共布设了 7800 个样地（表 5.7）。本研究从中选择了 3922 个调查样地（图 5.5），并参考 Fang 等（2001b）的分类方法将样地分为 22 类（表 5.7）。

表 5.7　森林课题划分的 6 个调查片区及各省（自治区、直辖市）样点分布

片区	省（自治区、直辖市）	样地数
温带针叶针阔叶林区 1110 个样地	黑龙江	390
	吉林	195
	辽宁	165
	内蒙古	360
中西部温带植被区 600 个样地	甘肃	285
	宁夏	75
	新疆	240
暖温带落叶阔叶林区 1230 个样地	山东	165
	河北	225
	北京	75
	天津	60
	山西	150
	陕西	360
	河南	195
青藏高原高寒植被区 780 个样地	青海	240
	西藏	540
亚热带常绿阔叶林区 3240 个样地	浙江	240
	安徽	150
	湖北	195
	江苏	75
	上海	60
	四川	405
	重庆	105
	福建	300
	江西	345
	湖南	405
	广西	345
	贵州	240
	广东	375
热带季雨林、雨林区 840 个样地	云南	540
	海南	300
总计		7800

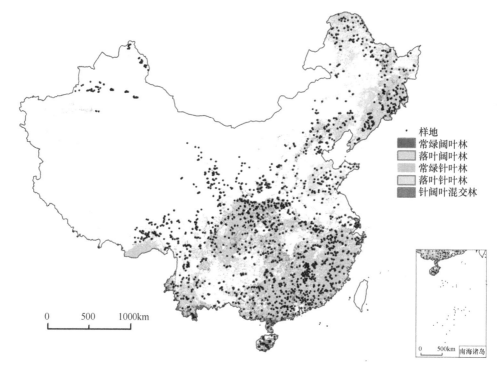

图 5.5　本研究选择的 3922 个样地及其空间分布

　　乔木层生物量是森林生态系统生物量的主要组成部分，本研究基于"森林课题"的样地调查数据，利用本研究构建的各省（自治区、直辖市）优势树种（树种组）生物量方程，计算得到我国森林优势树种乔木层生物量，生物量密度最大的是铁杉、柳杉、油杉（355.18 t/hm²），其次是云杉、冷杉（296.46 t/hm²），最小的是桉树（56.41 t/hm²）（表 5.8），运用本研究生物量方程计算的结果与方精云等（2001）的研究结果接近。

表 5.8　我国森林主要树种生物量（t/hm²）

编号	树种	样地数	乔木	方精云等（2001）基于样地调查
1	云杉、冷杉	486	296.46	135.90
2	桦木	92	83.88	123.10
3	木麻黄	10	66.70	88.80
4	杉木	285	115.04	86.30
5	柏木	107	195.95	213.10
6	栎类	332	134.20	89.20
7	桉树	94	56.41	178.30
8	落叶松	135	147.87	139.50
9	照叶树	345	150.15	163.70

续表

编号	树种	样地数	乔木	方精云等（2001）基于样地调查
10	针阔叶混交林	346	235.40	93.70
11	阔叶林	280	155.43	313.60
12	杂木	270	90.56	52.20
13	华山松	25	96.02	71.80
14	红松	10	160.63	65.40
15	马尾松	318	147.49	81.10
16	樟子松	38	60.44	49.30
17	油松	144	122.63	88.70
18	针叶林	173	142.60	120.30
19	杨树	239	78.74	109.10
20	铁柳、油杉	10	355.18	208.90
21	热带林	176	227.01	324.30
22	水胡黄	7	140.59	

2. 不同片区森林生物量

如表 5.9 所示，在六大片区中，乔木层生物量密度最大的是青藏高原高寒林区（286.23 t/hm²），最小的是暖温带落叶阔叶林区域（91.67 t/hm²）。冯宗炜等（1982）的数据表明，我国寒温带森林乔木层生物量平均值为 144.98 t/hm²，温带森林为 241.70 t/hm²，亚热带森林为 301.05 t/hm²，热带林为 351.93 t/hm²，青藏高寒林为 313.09 t/hm²，其结果均要大于本研究的结果，只有寒温带森林和青藏高原高寒林区的估算结果与本研究较为接近。

表5.9　六大片区乔木层生物量（t/hm²）

	片区	样地数	生物量平均值	SD
1	温带针叶针阔叶混交林	440	141.43	113.01
2	中西部温带林区	358	166.5	124.67
3	暖温带落叶阔叶林区	641	91.67	61.36
4	亚热带常绿阔叶林区	1708	180.29	206.67
5	热带季雨林、雨林区	296	224.46	213.74
6	青藏高原高寒植被区	479	286.23	293.32

　　由此可见，估算结果之间差异都比较大，原因之一在于以往进行样地调查时往往选择了林分生长较为良好的样地，从而使得平均生物量偏大，导致区域生物量估算结果偏高（方精云等，2001），原因之二在于不同估算方法所采用的森林面积差异很大。同时，由于我国面积大，区域间的差异大，很多样地尺度上的研究不能反映出我国森林的整体情况。宏观的国家森林资源清查也仅能反映森林立木，缺乏地下生物量数据。基于模型模拟的结果同样由于缺乏大尺度的样地实测数据来进行检验和校正，从而导致差异较大。

第6章 结　语

6.1　主　要　结　论

1. 乔木生物量方程的构建方法

通过统一的方法标准化文献生物量方程，运用最小二乘支持向量机（LS-SVM）法进行生物量方程迭代优化。

2. 不同尺度上森林生物量估算体系

本研究构建了涵盖全国各省（自治区、直辖市）、群系及全国 3 种不同尺度的森林生物量估算体系。

6.2　问题和展望

建立生物量方程的目的是预测森林生物量。森林由各种林分构成，而任何林分都是林木的累加，所以将立木生物量模型应用于构成林分的每一株林木，通过合计就能得到林分的生物量。不管是对局部地区，还是对国家或区域等大尺度范围的森林生物量估计，其预估值都会存在误差。与其他森林资源清查估计值一样，误差来源大体归为抽样误差、模型误差和测量误差三个方面。生物量方程估算误差受以下因素影响：选择样木的抽样设计、样本大小、估计方法及林木生物量的内在变动，也有可能来源于林木变量（如胸径、树高和重量）测定过程中产生的误差，包括随机误差和系统误差。森林系统的特殊性，决定了地面真实验证的困难，与资源清查数据的对比也只是一个"无真实值"交叉验证。森林生物量估算结果会越来越接近真实值，但永远达不到绝对的真实值。

在野外测量中，地上生物量测量相对确定而且简单，树高、根系测量既困难又耗时间。在大多数情况下采用经验估算，这是导致用二元生物量方程估算生物量时误差增大的原因之一。因此，非常准确的野外测量也是进一步指导修订生物量方程的必要基础。本研究建立的生物量方程基于来源于不同地点、不同林龄、不同演替阶段及不同经营管理模式下的林分树种生物量方程。相似群组的树木在不同地理区域生长时，可能会有很大差别，故用本研究生物量方程估算区域生物量时，只是代表这个区域生物量的平均状况，针对小范围内的特定树种进行生物量估算误差可能会偏大。

尽管本研究的生物量方程可能还不是非常完美，但它能提供一个非常清晰的估算分器官生物量的方法框架，至于估算结果与真实值差别到底有多大，还需要用更多的实测数据来进行校正。

为了提高森林地上生物量的估算精确性，建议业务化开展以下工作：布设永久样地，测量主要碳库生物量的变化，样地需覆盖所有森林类型，并通过收获法定期抽样，整合并检验本研究所提供的生物量估算体系，通过地面生物量样地的实测值和监测分类体系，借助遥感和 GIS 来建立一个更精准的生物量方程验证方法；建立综合信息系统，从而实时为增加我国森林生态系统固碳量、制定减少碳排放的对策及建立相应技术提供科学依据。

参 考 文 献

艾训儒, 周光龙. 1996. 中亚热带北缘杉木人工林生态系统生物量研究. 湖北林业科技, 2: 17-20.

蔡世锋. 2009. 26 年生楠木人工林和杉木人工林 C 库的分配. 福建林业科技, 36(4): 9-11.

蔡兆伟. 2014. 福建杉木人工林生物量模型研究. 北京: 北京林业大学硕士学位论文.

陈炳浩, 陈楚莹. 1980. 沙地红皮云杉森林群落生物量和生产力的初步研究. 林业科学, 4: 269-278.

陈传国, 朱俊凤. 1989. 东北主要林木生物量手册. 北京: 中国林业出版社.

成俊卿. 1985. 木材学. 北京: 中国林业出版社.

董世仁, 关玉秀. 1980. 油松林生态系统的研究: (1)陕西太岳油松林的生产力初报. 北京林学院学报, 1: 1-20.

邓乃杨, 田英杰. 2004. 数据挖掘中的新方法——支持向量机. 北京: 科学出版社.

方精云. 2000. 全球生态学——气候变化与生态响应. 北京: 高等教育出版社.

方精云, 陈安平. 2001. 中国森林植被碳库的动态变化及其意义. 植物学报, 43(9): 967-970.

方精云, 陈安平, 赵淑清, 等. 2002. 中国森林生物量的估算: 对 Fang 等 Science 一文(Science, 2001, 291: 2320-2322)的若干说明. 植物生态学报, 26: 243-249.

方精云, 于贵瑞, 任小波, 等. 2015. 中国陆地生态系统固碳效应——中国科学院战略性先导科技专项 "应对气候变化的碳收支认证及相关问题"之生态系统固碳任务群研究进展. 中国科学院院刊, 6: 839-847, 704.

冯宗炜. 1980. 杉木人工林生物量的研究//中国科学院湖南省桃源农业现代化综合科学实验基地县考察 队. 桃源综合考察报告集. 长沙: 湖南科学技术出版社: 322-333.

冯宗炜, 王效科, 吴刚. 1999. 中国森林生态系统的生物量和生产力.北京: 科学出版社.

冯宗炜, 张家武, 邓仕坚. 1980. 我国亚热带湖南桃源杉木人工林生态系统生物量的研究. 沈阳: 中国 科学院林业土壤研究所: 97-112.

江泽慧, 彭镇华. 2001. 世界主要树种木材科学特性. 北京: 科学出版社.

何贵平. 2003. 杉木、山杜英混交林及其纯生林生物量研究. 江西农业大学学报, 25(6): 819-823.

高华业, 周光益, 周志平, 等. 2013. 广东天井山 27a 生杉木人工林地上生物量研究. 广东林业科技, 29(4): 1-6.

黄从德, 张建, 杨万勤, 等. 2007. 四川森林植被碳储量的时空变化. 应用生态学报, 18(12): 2687-2692.

侯振宏, 张小全, 徐德应, 等. 2009. 杉木人工林生物量和生产力研究. 中国农学通报, 25(5): 97-103.

康惠宁, 马钦彦, 袁嘉祖. 1996. 中国森林碳汇功能研究. 应用生态学报, 7: 230-234.

李文华, 邓坤枚, 李飞. 1981. 长白山主要生态系统生物量生产量的研究//中国科学院长白山森林生态 系统定位站. 森林生态系统研究(Ⅱ). 北京: 中国林业出版社: 34-50.

李海奎, 赵鹏祥, 雷渊才, 等. 2012. 基于森林清查资料的乔木林生物量估算方法的比较. 林业科学, 5: 44-52.

刘世荣, 柴一新, 蔡体久, 等. 1990. 兴安落叶松人工群落生物量与净初级生产力的研究. 东北林业大学学报, 18(2): 40-45.

罗天祥. 1996. 中国主要森林类型生物生产力格局及其数学模型. 北京: 中国科学院博士学位论文.

罗天祥, 李文华, 冷允法, 等. 1998. 青藏高原自然植被总生物量的估算与净第一性生产力的潜在分布. 地理研究, 17: 337-344.

罗天祥, 李文华, 赵世洞. 1999. 中国油松林生产力格局与模拟. 应用生态学报, 10: 257-261.

罗云建, 王效科, 逯非. 2015. 中国主要林木生物量模型手册. 北京: 中国林业出版社.

罗云建, 王效科, 张小全, 等. 2013. 中国森林生态系统生物量及其分配研究. 北京: 中国林业出版社.

罗云建, 张小全, 侯振宏, 等. 2007. 我国落叶松林生物量碳计量参数的初步研究. 植物生态学报, 31(6) : 1111-1118.

罗云建, 张小全, 王效科, 等. 2009. 森林生物量的估算方法及其研究进展. 林业科学, 45(8): 129-134.

林生明, 徐士根, 周国模. 1991. 杉木人工林生物量的研究. 浙江林学院学报, 8(3): 288-294.

马钦彦, 谢征鸣. 1996. 中国马尾松林碳储量研究. 北京林业大学学报, 18(3): 31-34.

孟宪宇. 2006. 测树学. 北京: 中国林业出版社.

潘维俦, 李利村, 高正衡, 等. 1978. 杉木人工林生态系统中的生物量和生产力的研究. 湖南林业科技, (5): 1-12.

彭小勇. 2007. 闽北杉木人工林地上部分生物量模型的研究. 福州: 福建农林大学硕士学位论文.

覃世杰, 李况, 莫德祥, 等. 2013. 桂东南柳杉人工林生物回归模型应用研究.南方农业学报, 44(2): 261-265.

史军. 2005. 造林对中国陆地碳循环的影响研究. 北京: 中国科学院博士学位论文.

陶波, 葛全胜, 李克让, 等.2001. 陆地生态系统碳循环研究进展. 地理研究, 20(5): 564-575.

唐守正, 张会儒, 胥辉.2001. 相容性生物量模型的建立及其估计方法研究. 林业科学, 36(S1): 19-27.

王绍强, 周成虎, 罗承文. 1999. 中国陆地生态系统碳储量空间分布研究. 地理科学进展, 18: 238-244.

王玉辉, 周广胜, 蒋延玲, 等. 2001. 基于森林资源清查资料的落叶松林生物量和净生长量估算模式. 植物生态学报, 25: 420-425.

王效科, 冯宗炜, 欧阳志云. 2001. 中国森林生态系统的植物碳储量和碳密度研究. 应用生态学报, 12(1): 13-16.

王鑫. 2011. 北京地区刺槐地上部分生物量模型研究. 北京: 北京林业大学硕士学位论文.

温远光, 梁宏温, 蒋海平. 1995. 广西杉木人工林生物量及分配规律研究. 广西农业大学学报, 14(1): 55-64.

吴金友, 李俊清. 2010. 造林项目碳计量方法. 东北林业大学学报, 38(6): 115-117.

胥辉. 2003. 两种生物量模型的比较. 西南林业大学学报, 3(2): 36-39.

袁位高, 江波, 葛永金, 等. 2009. 浙江省重点公益林生物量模型研究. 浙江林业科技, 29(2): 1-5.

闫文德. 2003. 湖南会同第二代杉木人工林乔木层生物量的分布格局. 林业资源管理, 2: 5-12.

应金花. 2001. 一代杉木人工林(26 年生)林分生物量结构. 福建林学院学报, 21(4): 339-342.

张茂震, 王广兴. 2008. 浙江省森林生物量动态. 生态学报, 28(11): 5665-5674.

张小全, 武曙红. 2010. 林业碳汇项目理论与实践. 北京: 中国林业出版社.

张瑛山, 王学兰, 周林生. 1980. 雪岭云杉林生物量测定的初步研究. 新疆八一农学院学报, 3: 19-25.

曾伟生, 张会儒, 唐守正. 2011. 立木生物量建模方法. 北京: 中国林业出版社.

赵坤. 2000. 会同杉木人工林成熟阶段生物量的研究. 中南林业科技大学学报, 1: 7-13.

赵明伟, 岳天祥, 赵娜, 等. 2013. 基于 HASM 的中国森林植被碳储量空间分布模拟. 地理学报, 68(9): 1212-1224.

中国林业科学研究院木材工业研究所. 1982. 中国主要树种的木材物理力学性质. 北京: 中国林业出版社.

周玉荣, 于振良, 赵世洞. 2000. 我国主要森林生态系统碳贮量和碳平衡. 植物生态学报, 24: 518-522.

周国模, 姚建祥, 乔卫阳, 等. 1996. 浙江庆元杉木人工林生物量的研究. 浙江林学院学报, 13(3): 235-242.

朱守谦, 杨世逸. 1979. 杉木生产结构与生物量初步研究. 贵州: 贵州农学院.

Beer C, Reichstein M, Tomelleri E, et al. 2010. Terrestrial gross carbon dioxide uptake: global distribution and covariation with climate. Science, 329: 834-838.

Bi H, Birk E, Tumer J, et al. 2001. Converting stem volume to biomass with additivity, bias correction, and confidence bands for two Australian tree species. New Zealand Journal of Forestry Science, 31(3): 298-319.

BondL B, Wang B C, Gower S T. 2002. Aboveground and belowground biomass and sap wood area allometric equations for six boreal tree species of Northern Manitoba. Canadian Journal of Forest Resource, 32: 1441-1450.

Brabanter K D, Karsmakers P, Ojeda F, et al. 2014. Least squares-support vector machines matlab/C toolbox. http: //www.esat.kuleuven.be/sista/lssvmlab/.

Bray J R. 1963. Root production and the estimation of net productivity. Canadian Journal of Botany, 41: 65-72.

Brown S L, Schroeder P E. 1999. Spatial patterns of aboveground production and mortality of woody biomass for eastern U. S. Forests. Ecological Applications, 9: 968-980.

Brown S. 1996. Management of Forests for Mitigation of Green-House GasEmission. Cambridge: Cambridge University Press: 774-797.

Brown S. 2002. Measuring carbon in forests: current status and future challenges. Environmental Pollution, 116(3): 363-373.

Brown S, Lugo A E. 1984. Biomass of tropical forests: a new estimate based on forest volumes. Science, 233: 1290-1293.

Cairns M A, Brown S, Helmer E H, et al. 1997. Root biomass allocation in the world's upland forests. Oecologia, 111: 1-11.

Chambers J Q, Santos J, Ribeiro R J, et al. 2001. Tree damage, allometric relationship, and above ground net primary production in central Amazon forest. Forest Science and Management, 152: 73-84.

Chojnacky D C. 2002. Allometric scaling theory applied to FIA biomass estimation (C). Proceedings of the Third Annual Forest Inventory and Analysis Symposium, Monterey, California, USA , GTR NC-230, North Central Research Station, Forest Service USDA, 96-102.

Cheng D, Wang G, Li T, et al. 2007. Relationships among the stem, aboveground and total biomass across Chinese forests. Journal of Integrative Plant Biology, 49(11): 1573-1579.

Clark D B, Kellner J R. 2012. Tropical forest biomass estimation and the fallacy of misplaced concreteness. Journal of Vegetation Science, 23(6): 1191-1196.

Creighton M L, Kauffman J B. 2008. Allometric models for predicting aboveground biomass in two widespread woody plants in Hawaii. Biotropica, 40(3): 313-320.

Cronan C S. 2003. Belowground biomass, production, and carbon cycling in mature Norway spruce, Maine, U.S.A. Canadian Journal of Forest Research, 33: 339-350.

David C C, Jennifer C J. 2010. Final report: joint fire science program (07-3-1-05) literature synthesis and metal-analysis of tree and shrub biomass equations in North America.

Dixon R K, Solomon A M, Brown S, et al. 1994. Carbon pools and flux of global forest ecosystems. Science, 263(5144): 185-190.

Enquist B J, Niklas K J. 2002. Global allocation rules for patterns of biomass partitioning in seed plants. Science, 295(5559): 1517-1520.

Fahey T J, Woodbury P B, Battles J J, et al. 2010. Forest carbon storage: ecology, management, and policy. Frontiers in Ecology and Environment, 8(5): 245-252.

Fang J Y, Wang Z M. 2001a. Forest biomass estimation at regional and global levels, with special reference to China's forest biomass. Ecological Research, 16: 587-592.

Fang J Y, Chen A P, Peng C H, et al. 2001b. Changes in forest biomass carbon storage in China between 1949 and 1998. Science, 291: 2320-2322.

FAO. 2010. Global forest resources assessment. http: //www.fao.org/docrep/013/i1757e/i1757e00.htm.

Fehrmann L, Kleinn C. 2006. General considerations about the use of allometric equations for biomass estimation on the example of Norway spruce in central Europe. Forest Ecology and Management, 236: 412-421.

Fournier R A, Luther J E, Guindon L, et al. 2003. Mapping aboveground tree biomass at the stand level from inventory information: test cases in Newfoundland and Quebec. Canada Journal of Forest Research, 33: 1846-1863.

Gadow K. 2003. Walds Truktur Und Wald Wachstum. G(o)ttingen: Universitätsverlag Göttingen: 246.

Gille U, Sloboda B. 2001. Tree mechanics, hydraulics and needle-mass distributions as a possible basis for explaining the dynamics of stem morphology. Journal of Forest Science, 47(6): 241-254.

Hailemariam T, David A, Krishna P, et al. 2015. A review of the challenges and opportunities in estimating above ground forest biomass using tree-level models. Scandinavian Journal of Forest Research, 30(4): 326-335.

Houghton R A. 2005. Aboveground forest biomass and the global carbon balance. Global Change Biology, 11: 945-958.

Huxley J S. 1924. Constant differential growth-ratios and their significance. Nature, 114: 895.

Huxley J S. 1932. Problems of Relative Growth. London: Methuen & Co. Ltd.

IUFRO. 1994. International guidelines for forest monitoring, IUFRO world series Vol. 5, Vienna.

IPCC. 2006. IPCC guidelines for national greenhouse gas inventory. http: //www. ipcc-nggip. iges. or. Jp/public/2006gl/index. html[2012-5-1].

Jenkins J C, Chojnacky D C, Heath L S, et al. 2003. National-scale biomass estimators for United States tree species. Forest Science, 49(1): 12-35.

Jenkins J C, Chojnacky D C, Linda S H, et al. 2004. Comprehensive database of diameter-based biomass regressions for North American tree species. USDA Forest Service, Burlington.

Kindermann G, Obersteiner M, Sohngen B, et al. 2008. Global cost estimates of reducing carbon emissions through avoided deforestation. Proceedings of the National Academy of Sciences USA, 105(30): 10302-10307.

Kitterge J. 1944. Estimation of amount of foliage of trees and shrubs. Journal of Forest, 42: 905-912.

Ketterings Q M, Coe R, van Noordwijk M, et al. 2001. Reducing uncertainty in the use of allometric biomass equations for predicting aboveground biomass in mixed secondary forests. Forest Ecology and Management, 146: 199-209.

Kurz W A, Beukema S J, Apps M J. 1996. Estimation of root biomass and dynamics for the carbon budget model of the Canadian forest sector. Canadian Journal of Forest Research, 26(11): 1973-1979.

Lefsky M A, Keller M, Pang Y, et al. 2007. Revised method for forest canopy height estimation from geoscience laser altimeter system waveforms. Journal of Applied Remote Sensing, 1: 1-18.

Lehtonen A, Mäkipää R, Heikkinen J, et al. 2004. Biomass expansion factors (BEFFs) for Scots Pine, Norway spruce and birch according to stand age for boreal forests. Forest Ecology and Management, 188(1-3): 211-224.

Le Toan T, Quegan S, Davidson M W J, et al. 2011. The BIOMASS mission: mapping global forest biomass to better understand the terrestrial carbon cycle. Remote Sensing of Environment, 115: 2850-2860.

Levy P E, Hale S E, Nicoll B C. 2004. Biomass expansion factors and root: shoot ratios for coniferous tree species in Great Britain. Forestry, 77(5): 421-430.

Lieth H, Whittaker R H. 1975. Primary Productivity of the Biosphere. New York: Springer.

Li Z, Kurs W A, Apps M J, et al. 2003. Belowground biomass dynamics in the carbon budget model of the Canadian forest sector: recent improvements and implications for the estimation of NPP and NEP. Canadian Journal of Forest Research, 33(1): 126-136.

Luo Y J, Wang X K, Zhang X Q, et al. 2012. Root: shoot ratios across China's forests: forest type and climatic effects. Forest Ecology and Management, 269: 19-25.

Mandelbrot B. 1983. Fractal Geometry of Nature. New York: Freeman.

Mary A A, Steven P H, Thomas G S. 2001. Validating allometric estimates of aboveground living biomass and nutrient contents of a northern hardwood forest . Canadian Journal of Forest Resource, 31 (1): 11-17.

Mokany K, Raison J R, Prokushkin S A. 2006. Critical analysis of root: shoot ratios in terrestrial biomes. Global Change Biology, 12(1): 84-96.

Muukkonen P. 2006. Forest inventory-based large-scale forest biomass and carbon budget assessment: new enhanced methods and use of remote sense for verification. Helsinki: Department of Geography, University of Helsinki.

Muukkonen P. 2007. Generalized allometric volume and biomass equations for some species Europe. European Journal of Forest Research, 126: 157-166.

Nicolas P, Laurent S A, Matieu H. 2012. Manual for building tree volume and biomass allometric equationsfrom field measurement to prediction. Rome, Italie: Food and Agriculture Organization of the United Nations.

Niklas K J. 1994. Plant Allometry: the Scaling of Form and Process. Chicago: The University of Chicago Press.

Návar J. 2009. Allometric equations for tree species and carbon stocks for forests of Northwestern Mexico. Forest Ecology and Management, 257: 427-434.

Osawa A. 1995. Inverse relationship of crown fractal dimension to self-thinning exponent of tree populations: a hypothesis. Canada Journal of Forest Research, 25: 1608-1617.

Pan Y D, Richard A B, Fang J Y, et al. 2011. A large and persistent carbon sink in the world's forests. Science, 333(6045): 988-993.

Parresol B R. 1999. Assessing tree and stand biomass: a review with examples and critical comparisons. Forest Science, 45(4): 573-593.

Parresol B R. 2001. Additivity of nonlinear biomass equations. Canadian Journal of Forest Research, 31: 865-878.

Pan Y D, Luo T X, Birdsey R, et al. 2004. New estimates of carbon storage and sequ-estration in China's forests: effects of age-class and method on inventory-based carbon estimation. Climatic Change, 67:

211-236.

Pajtk J, Konopka B, Lukac M. 2008. Biomass functions and expansion factors in young Norway spruce [*Picea abies* (L.) Karst] trees. Forest Ecology and Management, 256: 1096-1103.

Pilli R, Anfodillo T, Carrer M. 2006. Towards a functional and simplified allometry for estimating forest biomass. Forest Ecology and Management, 237: 583-593.

Pretzsch H. 2001. Model Lierung des Wald Wachstums. Berlin: Parey Buchverlag: 341.

Ravindranath N H, Ostwald M. 2008. Carbon Inventory Methods: Handbook for Greenhouse Gas Inventory, Carbon Mitigation and Roundwood Production Projects. Dordrecht (Netherland): Springer.

Repola J, Ojansuu R, Kukkola M. 2007. Biomass functions for Scots Pine, Norway spruce and Birch in Finland. Working Papers of the Finnish Forest Research Institute 53. http://www.metla.fi/julkaisut/workingpapers/2007/mwp053.htm.

Ryan M C, Waring R H. 1992. Maintenance respiration and stand development in a sub-alpine Lodgepole pine forest. Ecology, 73: 2100-2108.

Saatchi S S, Harris N L, Brown S, et al. 2011. Benchmark map of forest carbon stocks in tropical regions across three continents. Proceedings of the National Academy of Sciences USA, 108: 9899-9904.

Sprizza L. 2005. Age-related equations for above- and below-ground biomass of a *Eucalyptus* hybrid in Congo. Forest Ecology and Management, 205: 199-214.

Salis S M, Assis M A, Mattos P P, et al. 2006. Estimating the above ground biomass and wood volume of savanna woodlands in Brazil's Pant and wetlands based on allometric correlations. Forest Ecology and Management, 228: 61-68.

Schroeder P E, Brown S, Mo J, et al. 1997. Biomass estimation for temperate broadleaf forests of the United States using inventory data. Forest Science, 43(3): 424-434.

Segura M. 2005. Allometric models for tree volume and total aboveground biomass in a tropical humid forest in Costa Rica. Biotropica, 37(1): 2-8.

Smith J E, Heath L S, Jenkins J S. 2003. Forest volume-to-biomass models and estimates of mass for live and standing dead trees of U. S. forests. http: //www. treesearch. fs. f ed. Us/pubs/5179.

Snorrason A, Einarsson S F. 2006. Singletree biomass and stem volume functions for eleven tree species used in Icelandic Forestry. Icelandic Agricultural Science, 19: 15-24.

Somogyi Z, Cienciala E, Mäkipää R, et al. 2007. Indirect methods of large scale forest biomass estimation. European Journal of Forest Research, 126(2): 197-207.

Suykens Johan A K, Van Gestel T, De Brabanter J. 2002. Least Squares Support Vector Machines. Singapore: World Scientific Publishing Company.

Toan T L, Quegan S, Davidson M W J, et al. 2011. The BIOMASS mission: mapping global forest biomass to better understand the terrestrial carbon cycle. Remote Sensing of Environment, 115(11): 2850-2860.

Ter-Mikaelian M T, Korzukhin M D. 1997. Biomass equations for sixty-five North American tree species. Forest Ecology and Management, 97: 1-24.

Usoltsev V A, Hoffmann C W. 1997. A preliminary crown biomass table for even-aged *Picea abies* stands in Switzerland. Scandinavian Journal of Forest Research, 12: 273-279.

Vallet P, Dhôte J F, Le Moguédec G, et al. 2006. Development of total aboveground volume equations for seven important forest tree species in France. Forest Ecology and Management, 229: 98-110.

Wang X, Fang J, Zhu B. 2008. Forest biomass and root-shoot allocation in northeast China. Forest Ecology and Management, 255(12): 4007-4020.

Wang X K, Feng Z W, Ouyang Z Y. 2001. The impact of human disturbance on vegetative carbon storage in forest ecosystems in China. Forest Ecology and Management, 148: 117-123.

West P W. 2004. Tree and Forest Measurement. Berlin: Springer-Verlag.

West G B, Brown J H, Enguist B J. 1999. A general model for the structure and allometry of plant vascular system. Nature, 400: 664-667.

Whittaker R H, Likens G E. 1975. Methods of Assessing Terrestrial Productivity. New York: Springer-Verlag: 305-328.

Woodbury P B, Smith J E, Heath L S. 2007. Carbon sequestration in the U.S. forest sector from 1990 to 2010. Forest Ecology and Management, 241: 14-27.

Zeide B. 1993. Primary unit of the tree crown. Ecology, 74: 1598-1602.

Zeide B. 1998. Fractal analysis of foliage distribution in loblolly pine crowns. Canada Journal of Forest Research, 28: 106-114.

Zeide B, Gresham C A. 1991. Fractal dimensions of tree crowns in three loblolly pine plantations of coastal South Carolina. Canada Journal of Forest Research, 21: 1208-1212.

Zeide B, Pfeifer P. 1991. A method for estimation of fractal dimension of tree crowns. Forest Science, 37: 1253-1265.

Zinais D. 2008. Predicting mean aboveground forest biomass and its associated variance. Forest Ecology and Management, 256: 1400-1407.

Zinais D. 2005. Aspects of tree allometry. *In*: Burk A R. New Research on Forest Ecosystems. New York: Nova Science Pub Inc: 113-144.

Zianis D, Muukkonen P, Mäkipää R, et al. 2005. Biomass and stem volume equations for tree species in Europe. Silva Fennica Monographs, 4(4): 1-63.

Zianis D, Mencuccinai M. 2004. On simplifying allometric analyses of forest biomass. Forest Ecology and Management, 187: 311-332.

Zhao M, Zhou G S. 2005. Estimation of biomass and net primary productivity of major planted forests in China based on forest inventory data. Forest Ecology and Management, 207: 295-313.

Zhou G S, Wang Y H, Jiang Y L, et al. 2002. Estimating biomass and net primary production from forest inventory data: a case study of China's *Larix* forests. Forest Ecology Management, 169: 149-157.

Zhou X, Hemstrom M A. 2009. Estimating aboveground tree biomass on forest land in the Pacific Northwest: a comparison of approaches. Res. Pap. PNW-RP-584. Portland (OR): U.S. Department of Agriculture, Forest Service, Pacific Northwest Research Station.

附录一 数据拟合源程序

```
function [ret]=asd(basepath)
match = [basepath,'\*.xls'];
filelist = dir(match);
files = size(filelist,1);

for i=1:1:files
    filename = [basepath,'\',filelist(i).name];
    [typ, desc] = xlsfinfo(filename);
    sheets = size(desc,2);

    for ss=1:1:1%sheets
        [data] = xlsread(filename,desc{2},'A2:M20000');
        columns = size(data,2);
        rows = size(data,1);
        for j=1:1:columns
            if(isnan(data(1,j)))
                break;
            end
        end
        cols = j-1;ycols = cols-1;
        data=data(1:rows,1:cols);
        idx=1:80:rows;
        data=data(idx,1:cols);

        x=data(:,1);x=repmat(x,ycols,1);
        y = data(:,2);
        for gh=3:1:cols
            y=[y;data(:,gh)];
        end

        type = 'function estimation';
        %gam= 5399.3591;sig2=3150.0893;
```

```
            [gam,sig2]=
tunelssvm({x,y,type,[],[],'RBF_kernel'},'simplex','leaveoneoutlssvm',{'mse'});
            [alpha,b] = trainlssvm({x,y,type,gam,sig2,'RBF_kernel'});
    plotlssvm({x,y,type,gam,sig2,'RBF_kernel'},{alpha,b});
            hold on;
            title([[['','杉木'],''],'']);
    xlabel('D');
    ylabel('生物量(千克)');
            print(1,'-dpng',[[[['',filelist(i).name],''],''],'.png']);
        end
    end
```

附录二 优化迭代过程及结果示例

以杉木为例：以 D^2H 为自变量，分器官生物量为因变量，进行参数变量的优化过程。

>>asd('d:\svm')

Determine initial tuning parameters for simplex...: # cooling cycle(s) 1

|-   -|

** done

1. Coupled Simulated Annealing results: [gam]   45.8358

                                             [sig2]   271.2371

                                             F(X)=   104.5948

TUNELSSVM: chosen specifications:

2. optimization routine: simplex

    cost function: leaveoneoutlssvm

    kernel function   RBF_kernel

3. starting values: 45.83575   271.2371

Iteration	Func-count	min F(X)	log(gamma)	log(sig2)	Procedure
1	3	1.045948e+002	3.8251	5.6030	initial
2	7	1.045948e+002	3.8251	5.6030	shrink
3	11	1.045946e+002	3.8251	5.9030	shrink
4	13	1.045946e+002	3.8251	5.9030	contract inside
5	15	1.045820e+002	3.9751	5.6780	reflect
6	16	1.045820e+002	3.9751	5.6780	reflect
7	18	1.045710e+002	4.1251	5.7530	reflect
8	22	1.045522e+002	4.0501	5.8655	shrink
9	24	1.045475e+002	4.1251	5.9030	reflect
10	26	1.045475e+002	4.1251	5.9030	contract inside

optimisation terminated sucessfully (MaxFunEvals criterion)

Simplex results:

X=61.871796   366.131735, F(X)=1.045475e+002

Obtained hyper-parameters: [gamma sig2]: 61.8718   366.1317

Start Plotting...finished

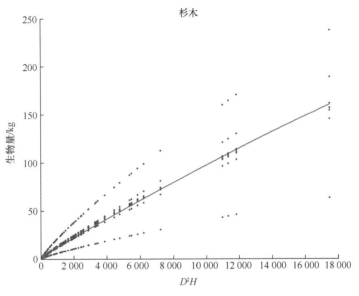

图1 二元生物量方程参数优化过程

以下是以胸径(D)为自变量，分器官生物量为因变量，进行参数变量的优化过程。

```
>>asd('D:\SVM\LSSVMlabv1_8')
```

Determine initial tuning parameters for simplex...: # cooling cycle(s) 1

|-   -|

** done

1. Coupled Simulated Annealing results: [gam]   8.9949

                                    [sig2]   29.6599

                                    F(X)=   117.779

TUNELSSVM: chosen specifications:

2. optimization routine: simplex

    cost function: leaveoneoutlssvm

    kernel function   RBF_kernel

3. starting values: 8.9949   29.6599

Iteration	Func-count	min F(X)	log(gamma)	log(sig2)	Procedure
1	3	1.176660e+002	3.3967	3.3898	initial
2	5	1.176660e+002	3.3967	3.3898	contract outside
3	7	1.176660e+002	3.3967	3.3898	contract inside
4	9	1.175797e+002	2.8717	3.2398	contract outside
5	13	1.175154e+002	2.5342	3.3148	shrink
6	14	1.175154e+002	2.5342	3.3148	reflect
7	18	1.175154e+002	2.5342	3.3148	shrink
8	20	1.175140e+002	2.7263	3.3054	contract inside
9	22	1.175127e+002	2.5939	3.3265	contract inside
10	24	1.175123e+002	2.7231	3.3166	contract inside
11	26	1.175113e+002	2.6246	3.3296	contract inside

optimisation terminated sucessfully (MaxFunEvals criterion)

Simplex results:
X=13.799216   27.926905, F(X)=1.175113e+002
Obtained hyper-parameters: [gamma sig2]: 13.7992   27.9269
Start Plotting...finished

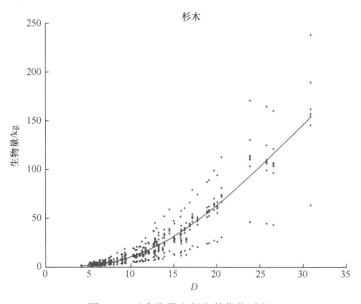

图 2   一元生物量方程参数优化过程